图 1-19　矢量图形的放大效果

图 2-66　手提袋效果

图 2-93　立体效果图

图 3-18　最终效果

图 3-23　最终效果

图 3-38　最终效果

图 3-63　图案设计效果图

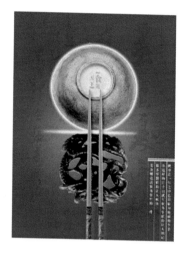

图 4-23　添加渐变色背景

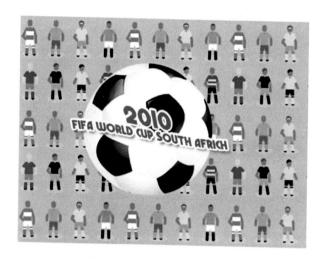

图 4-29　加入足球和文字效果

图 4-73　效果图

(a) 原图

(b) 调整效果

图 5-16　匹配颜色前后的对比效果

(a) 暖色调

(b) 冷色调

图 5-27　冷暖效果

(a) 原图

(b) 渐变映射效果

图 5-45　运用"渐变映射"命令制夕阳美景图

图 6-7　最终效果

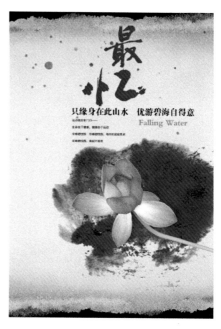

图 6-43　效果图

图 6-56　调入文字标志

图 6-57　效果图

图 7-42　最终效果

图 7-49　立体效果

图 7-70　效果图

图 8-31　效果图

图 8-73　房地产广告效果

图 10-2　酒包装效果

图 10-49　夸张广告

平板看数源

即日起至 10 月 15 日国庆电视系列产品全线让利特惠，单一机型最大让利

幅度高达 3000 元。

好礼"橙"甸甸

MP4 多媒体影音播放机、数码调谐收音机（掌中宝）冷热

二用壶、微流保鲜盒……众多促销好礼国庆放送。

不要错过哦！

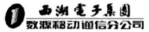

图 10-50　广告效果

图 10-87　CG 插图效果

Photoshop

图像处理经典案例教程

夏三鳌　聂志成　陈中　编著

清华大学出版社

北　京

内 容 提 要

本书是根据教育部考试中心颁布的《全国计算机等级考试一级 Photoshop 考试大纲（2013 年版）》编写的，通过学习使用 Photoshop 中文版软件，系统地介绍了图像处理的技能与技巧。本书共分为 10 章，第 1 章重点介绍数字图像处理基础知识；第 2～9 章详细讲解 Photoshop 软件的具体操作，包括 Photoshop 中各种工具的应用、图像的编辑方法以及使用不同的滤镜打造出不同的视觉效果等；第 10 章系统地讲述包装、广告和图像合成特效创意的基础知识，并通过实例的制作对各种常用工具进行综合的学习。

本书内容充实、语言精练、配图丰富。书中涵盖了有关 Photoshop 软件几乎所有的主要命令，并附有拓展实例。书中有大量的案例，均非常实用且接近商业制作，因此，对读者择业取向定有一定的帮助。

本书既可以作为参加全国计算机等级考试一级 Photoshop 的参考教材，也可以作为各类高等院校、职业院校及计算机培训学校相关专业的教材和参考书，还可以作为图像处理、平面设计人员、Photoshop 爱好者的自学教材。

图书在版编目（CIP）数据

Photoshop 图像处理经典案例教程/夏三鳌等编著.—北京：清华大学出版社，20114（2018.3 重印）
ISBN 978-7-302-36140-4

Ⅰ．①P… Ⅱ．①夏… Ⅲ．①图像处理软件—教材 Ⅳ．①TP391.41

中国版本图书馆 CIP 数据核字（2014）第 072667 号

责任编辑： 刘向威　薛　阳
封面设计： 文　静
责任校对： 李建庄
责任印制： 王静怡

出版发行： 清华大学出版社
　　　　网　　　址：http://www.tup.com.cn，http://www.wqbook.com
　　　　地　　　址：北京清华大学学研大厦 A 座　　　　　　邮　　编：100084
　　　　社 总 机：010-62770175　　　　　　　　　　　　邮　　购：010-62786544
　　　　投稿与读者服务：010-62776969，c-service@tup.tsinghua.edu.cn
　　　　质量反馈：010-62772015，zhiliang@tup.tsinghua.edu.cn
　　　　课件下载：http://www.tup.com.cn，010-62795954
印 装 者： 北京中献拓方科技发展有限公司
经　　销： 全国新华书店
开　　本： 185mm×260mm　　**印　张：** 19.5　　**彩插：** 4　　**字　　数：** 502 千字
版　　次： 2014 年 9 月第 1 版　　　　　　　　　　　　　　**印　　次：** 2018 年 3 月第 2 次印刷
印　　数： 2001～2200
定　　价： 39.00 元

产品编号：057393-01

在现代化设计领域中,无论你有多好的想法或美术基础,光靠在纸上手绘图像是远远不能满足设计需求的。只有通过在图像处理软件中制作图像作品,才能提高工作效率。因此,越来越多的人体验到了图像处理软件的重要性,而 Photoshop 软件则是图像处理应用中使用最广泛的软件。随着计算机技术的逐渐普及,运用 Photoshop 软件处理图像不再是专业人士的"专利",越来越多想从事平面广告或数码照片领域的人士也逐渐加入到这一行业中。

本书放弃了常见的依次罗列菜单、命令、工具等初级教程的写法,尝试以全新的理念诠释 Photoshop CS6 的深层应用,以典型的实例制作为主,全书共讲解、剖析了 13 个综合实例,并将 Photoshop CS6 的各项功能、使用方法及其综合应用融入其中,从而达到学以致用、立竿见影的学习效果。

本书的主要特点有如下三个。

(1) 通过实例掌握概念和功能。

人们学习新知识时,理解各种概念是掌握其功能的关键。在 Photoshop 中,有许多概念比较难理解,通过让初学者亲身实践从而掌握操作,这种形式是理解概念的最佳方式。

(2) 实例丰富,紧贴行业应用。

本书作者来自教学第一线,有丰富的教学与设计经验,作者精心组织了与行业应用、岗位需求紧密结合的典型实例,且实例丰富,让教师在授课过程中有更多的演示环节,让学生在学习过程中有更多的动手实践机会,以巩固所学知识,迅速将所学内容应用到实际工作中。

(3) 培养独立设计能力。

通过大量的案例实战练习和系统、规范的流程演练,读者将拥有独立设计能力。

本书既可以作为参加全国计算机等级考试一级 Photoshop 的参考教材,也可以作为各类高等院校、职业院校及计算机培训学校相关专业的教材和参考书,还可以作为图像处理、平面设计人员、Photoshop 爱好者的自学教材。

由于作者的经验有限,书中难免有不足之处,在此恳请专家和同行批评指正。如读者在阅读本书的过程中遇到问题,或有其他建议,请发电子邮件至 xiasanao@163.com。

本书系湖南省教育科学研究基地——信息技术教育研究基地阶段性成果;2013 年湖南省教育科学"十二五"规划项目:地方高校动漫人才校企合作培养模式研究(立项编号:XJK013CGD120)的研究成果之一。

编著者
2014 年 6 月

第1章 数字图像处理基础知识

本章导读

本章主要介绍 Photoshop 中关于数字的基本术语及色彩基本配色原理,只有正确地了解基础知识与基本概念才能在今后的学习和使用中得心应手。本章通过详细讲解,使读者能正确理解位图和矢量图形的差别、像素和分辨率的原理、图像常用的格式、色彩的产生、色彩的三要素、情感的联想以及掌握其配色基本原理与方法,为今后的深入学习与使用 Photoshop 打下良好的基础。

学习重点

✓ 位图图像与矢量图形。

✓ 像素和分辨率。

✓ 色彩搭配原理及技巧。

1.1 数字图像

要真正掌握和使用一个图像处理软件,不仅需要掌握该软件的操作,还要掌握图像的相关知识,如图像类型、图像格式、颜色模式及一些色彩原理等,下面讲解一些有关图像处理的专业术语。

1.1.1 矢量图形与位图图像

计算机图形主要分为两类:位图图像和矢量图形,用户可以在 Photoshop CS6 中使用这两种类型的图形。此外,Photoshop CS6 文件既可以包含位图,又可以包含矢量数据。了解两类图形间的差异,对创建、编辑和导入图片很有帮助。

 矢量图形

矢量图形也称为向量图形,矢量图形是把线段和文本定义为数学公式,它具有非常好的缩放性能,无论如何放大都不会变形,而且打印效果十分清晰,如图 1-1 所示。

矢量图形与分辨率无关,因为它由边线和内部填充组成。对于矢量图形,文件的大小与打印图像的大小几乎没有关系,此种特性正好与位图图像相反。矢量图形无法通过扫描获得,主要是依靠设计软件生成。制作矢量图形的软件有 FreeHand、Illustrator、CorelDRAW 和 AutoCAD 等。

 位图图像

位图图像也称作点阵图像或栅格图像,它是由许多不同颜色的方格组成的。不同颜色

(a) 矢量原图 　　　　　(b) 矢量图放大

图 1-1　矢量图形的放大效果

的方格排在不同位置就形成了不同图像。任何位图图像都含有有限数目的像素。图像分辨率(每英寸的像素数量)取决于显示的图像大小,显示图像小,像素就小,分辨率也就低;显示图像大,像素就大,分辨率也就高。当一幅位图图像显示得很大时,就可以看到锯齿状边缘和块状结构边缘的过渡,如图 1-2 所示。制作位图图像的软件有 Adobe Photoshop、Design Painter 和 Corel Photo－PAINT 等。

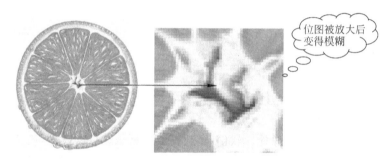

图 1-2　位图图像的放大效果

位图图像在表现图像阴影和颜色的细微层次变化方面有着很好的功能,因此位图图像被广泛地应用于照片和数字绘画中。

1.1.2　像素和分辨率

要制作高质量的图像,就要充分理解"像素"和"分辨率"这两个概念。图像以多大尺寸在屏幕上显示取决于多种因素——图像的像素大小、显示器大小和显示器分辨率设置等。

像素

像素(Pixel)是图形单元(Picture Element)的简称,它是位图中最小的计量单位。像素有两种属性:一种是相对于位图图像中的其他像素来说,即一个像素具有特定的位置;另一种是可以用来度量颜色的深度。

除了某些特殊标准外,像素均为正方形。像素是图像的基本单位,图像由以行和列的方式进行排列的像素组成。

分辨率

分辨率是和图像相关的一个重要概念,它是衡量图像细节的参数。分辨率的类型有多种,分别为图像分辨率、显示器分辨率、打印机分辨率、扫描分辨率、数码相机分辨率及商业印刷领域分辨率等,下面对这些不同类型的分辨率进行详细的介绍。

(1) 图像分辨率

图像分辨率是指打印图像时,在每个长度单位上打印的像素数量,通常以"像素/英寸"(pixel/inch,ppi)来衡量。图像分辨率和图像尺寸共同决定文件的大小及输出的质量,文件大小与其图像分辨率的平方成正比。如果保持图像尺寸大小不变,将图像分辨率提高一倍,其文件大小则增大为原来的 4 倍,也就是说分辨率的大小、图像的尺寸和文件的大小彼此之间互相关联。

(2) 显示器分辨率

显示器分辨率是指显示器上每单位长度显示的像素或点的数量,通常以"点/英寸"(dpi)来衡量。显示器的分辨率依赖于显示器尺寸与像素设置,典型分辨率为 96 像素/英寸,Mac OS 显示器分辨率为 72 像素/英寸。当图像为 1∶1 比例显示时,每个点代表 1 个像素。当图像放大或缩小时系统将以多个点代表 1 个像素,或者以 1 个点代表多个像素。

(3) 打印机分辨率

打印机在每英寸所能产生的墨点数目(dpi)称为打印机分辨率。大多数激光打印机的分辨率为 600dpi,而照排机的分辨率为 1200dpi 或者更高。为了达到最佳的打印效果,图像分辨率可以不必与打印机的分辨率完全相同,但必须与打印机的分辨率成比例。

(4) 扫描分辨率

扫描分辨率是指在扫描一幅图像之前设定的分辨率,它将影响所生成的图像文件的质量和使用性能,它决定图像将以何种方式显示或打印。扫描图像分辨率一般不要超过 120 像素/英寸(dpi)。大多数情况下,扫描图像是为了在高分辨率的设备中输出,如果图像扫描分辨率过低,就会导致输出的效果非常粗糙。反之,数字图像中就会产生超过打印所需要的信息,不但会减慢打印的速度,而且在打印输出时会使图像色调的细微过度丢失,影响打印效果。

(5) 数码相机分辨率

数码相机分辨率的高低决定了所拍摄影像最终所能打印出高质量画面的大小,或在计算机显示器上所能显示画面的大小。数码相机分辨率的高低取决于相机 CCD(Charge Coupled Device,电荷耦合器件)芯片上像素的多少,像素越多分辨率越高。

(6) 商业印刷领域分辨率

商业印刷领域分辨率表示在每英寸上等距离排列成多少条网线,即以线/英寸(lpi)表示。在传统商业印刷制版过程中,制版时要在原始图像的前面调加一个网屏,这个网屏由呈方格状的透明与不透明部分相等的网线构成,这些网线称为光栅,其作用是切割光线解剖图像。由于光线具有衍射的物理特性,因此光线通过网线后会形成反映原始图像影像变化的大小不同的点,这些点就是半色调点,一个半色调点最大不会超过一个网格的调积,网线越多表现图像的层次越多,图像的质量也就越好。

1.1.3　图像的颜色模式

颜色能激发人的情感,并产生对比效果,使图像显得更加生动美丽。它能使一幅黯淡的图像变得明亮绚丽,使一幅本来毫无生气的图像变得充满活力。对于图像设计者、画家、艺术家或者录像制作者来说,创建完美的颜色至关重要。如果颜色运用不当,那么表达的概念就会不完美。

 ## 灰度模式

灰度模式的图像由 256 种颜色组成,因为每个像素可以用 8 位或 16 位图像来表示,所以色调表现力比较丰富。将彩色图像转换为灰度模式时,所有的颜色信息都将被删除。

虽然 Photoshop CS6 允许将灰度模式的图像再转换为彩色模式,但是原来已丢失的颜色信息将不能再获得,因此,在将彩色图像转换为灰度模式之前,应该用"存储为"命令保存一个备份图像。

 ## 位图模式

位图模式是使用两种颜色值(黑色和白色)来表示图像中的像素。位图模式的图像也称为黑白图像,其每一个像素都是用一个方块来记录的,因此所要求的磁盘空间最小。当图像需转换为位图模式时,必须先将图像转换为灰度模式。

 ## 双色调模式

双色调模式通过 2～4 种自定义油墨创建双色调(两种颜色)、三色调(三种颜色)和四色调(4 种颜色)的灰度图像。要将图像转换成双色调模式,必须先将其转换为灰度模式。

 ## Lab 颜色模式

Lab 颜色模式是 Photoshop CS6 在不同颜色模式之间转换时使用的内部安全格式,它的色域包含 RGB 颜色模式和 CMYK 颜色模式的色域,因此,将 Photoshop CS6 中的 RGB 颜色模式转换为 CMYK 颜色模式时,要先将其转换为 Lab 颜色模式,再从 Lab 颜色模式转换为 CMYK 颜色模式。Lab 颜色模式由一个亮度(或发光率)特性和两个颜色轴组成。

 ## RGB 颜色模式

RGB 颜色模式是 Photoshop CS6 默认的颜色模式,此颜色模式的图像均由红(R)、绿(G)和蓝(B)三种颜色的不同颜色值组合而成。

RGB 颜色模式为彩色图像中每个像素的 R、G、B 颜色值分配一个 0～255 的强度值,一共可以生成超过 1670 万种颜色,因此 RGB 颜色模式下的图像非常鲜艳。由于 R、G、B 三种颜色合成后产生白色,RGB 颜色模式又被称为"加色"模式。

RGB 颜色模式能够表现的颜色范围非常宽广,因此将 RGB 颜色模式的图像转换为其他包含颜色种类较少的颜色模式时,则有可能丢色或偏色。

 ## CMYK 颜色模式

CMYK 颜色模式是标准的工业印刷颜色模式,如果要将其他颜色模式的图像输出并进行彩色印刷,必须要将其颜色模式转换为 CMYK 颜色模式。

CMYK 颜色模式的图像由 4 种颜色组成,即青(C)、洋红(M)、黄(Y)和黑(K),每种颜色对应于一个通道及用来生成 4 色分离的原色。根据 4 个通道,输出中心可以制作出青色、洋红色、黄色和黑色胶版,在印刷图像时将每张胶版中的彩色油墨组合起来以产生各种颜色。

 索引颜色模式

索引颜色模式又称为图像映射色彩模式,该模式中最多可以使用 256 种颜色,所以只能存储 8 位色彩深度的文件,而这些颜色都是预先定义好的。使用该模式不但能有效缩减图像文件的大小,还可保持图像文件的色彩品质,很适合制作放置于 Web 页面上的图像文件或多媒体动画。

 多通道模式

多通道模式是在每个通道中使用 256 级灰度,多通道图像对特殊的打印非常有用。将 CMYK 颜色模式图像转换为多通道模式后可创建青、洋红、黄和黑专色通道;将 RGB 模式图像转换为多通道模式后,可创建红、绿、蓝专色通道。当用户从 RGB、CMYK 或 Lab 颜色模式的图像中删除一个通道后,该图像会自动转换为多通道模式。

1.1.4 常用的图像文件格式

计算机中的图像以文件的形式存在,即常说的图像文件。图像文件有很多种格式,可分别用于不同的需求。了解图像文件的格式,可以有效地对文件进行保存和管理。

 PSD(＊.PSD)

该格式是 Photoshop CS6 本身专用的文件格式,也是新建文件时默认的存储文件类型。这种文件格式不仅支持所有模式,还可以将文件的图层、参考线、Alpha 通道等属性信息一起存储。该格式的优点是保存的信息多,缺点是文件尺寸较大。

 BMP(＊.BMP)

BMP 是 Windows 操作系统中"画图"程序的标准文件格式,此格式与大多数 Windows 和 OS/2 平台的应用程序兼容。由于该图像格式采用的是无损压缩,因此,其优点是图像完全不失真,缺点是图像文件的尺寸较大。

 JPEG(＊.JPG)

JPEG 是一种压缩效率很高的存储格式,但是,由于它采用的是具有破坏性的压缩方式,因此,该格式仅适用于保存含文字或文字尺寸较大的图像,否则,将导致图像中的字迹模糊。目前,以 JPEG 格式保存的图像文件多用于作为网页的素材图像。

JPEG 格式支持 CMYK、RGB、灰度等颜色模式,但不支持含 Alpha 通道的图像信息。

 GIF(＊.GIF)

GIF 格式为 256 色 RGB 图像模式,其特点是文件尺寸较小、支持透明背景,特别适合作为网页图像。

TIFF(＊.TIF)

TIFF 格式能够有效地处理多种颜色深度、Alpha 通道和 Photoshop CS6 的大多数图像格式,支持位图、灰阶、索引色、RGB、CMYK 和 Lab 等图像模式。RGB、CMYK 和灰阶图像中都支持 Alpha 通道,TIFF 文件还可以包含文件信息命令创建的标题。

TIFF 也是应用最广泛的图像文件格式之一,它支持任意的 LZW 压缩格式,是 LZW 光栅图像中应用最广泛的一种。LZW 压缩是无损失的,所以不会有数据丢失,其在文件数据的字符串中寻找重复项,在光栅图像中这样的重复项是很普遍的。使用 LZW 压缩方式可以大大减小文件夹的大小,特别是包含大面积单色区的图像,但是 LZW 压缩文件要花很长的时间来打开和保存。

由于 TIFF 格式已被广泛接受,而且 TIFF 可以方便地进行转换,因此该格式常被用于出版和印刷业中。另外,大多数扫描仪也都支持 TIFF 格式,这使得 TIFF 格式成为数字图像处理的最佳选择。

 PDF(＊.PDF)

PDF 格式是 Adobe 公司推出的专为网上出版而制订的一种格式。它以 PostScript Level2 语言为基础,可以覆盖矢量式图像和点阵式图像,并且支持超级链接。

PDF 格式是由 Adobe Acrobat 软件生成的文件格式,该格式可以保存多页信息,其中可以包含图形和文本。此外,由于该格式支持超级链接,因此是网络下载经常使用的文件格式。

PDF 格式支持 RGB、索引、CMYK、灰度、位图和 Lab 等颜色模式,但不支持 Alpha 通道。

1.2　色彩构成及色彩的基本配色原理

色彩是客观存在的物质现象,是光刺激眼睛所引起的一种视觉感。它是由光线、物体和眼睛三个感知色彩的条件构成的。缺少任何一个条件,人们都无法准确地感知色彩。色彩构成遵从美的规律和法则,是色彩及其关系的组合。它和绘画一样是视觉艺术的表现手段,是可视的艺术语言。

1.2.1　色彩概述

 色彩的产生

色彩是通过物体透射光线和反射光线显示出来的。透射光线的颜色由物体所能透过的光线的多少、波长决定,如显示器的色彩是透过屏幕显示的;反射光线由物体反射光线的多少、波长及吸收光线的波长决定,如书本上的图案、衣服上的颜色则是由反射光线决定的。

可以说,没有光就没有颜色,不同的光产生不同的颜色。光谱中的色彩以红橙黄绿青蓝紫为基本色。

 色彩的三要素

色相、明度、纯度为色彩的三要素,也叫三属性。一个色彩的出现,必然同时具备这三个属性。

- 色相：是特指色彩所呈现的面貌，它是色彩最重要的特征，是区分色彩的重要依据。以红、橙、黄、绿、青、蓝、紫的光谱为基本色相，而且形成一种秩序。
- 明度：指色彩本身的明暗程度，有时候也叫亮度，每个色相加入白色可提高明度，加黑反之。
- 纯度：指色彩的饱和度，达到了饱状态，即达到高纯度。

通常把黑白灰三色归为无彩色系，白色明度最高，黑色明度最低，黑白之间为灰色，如图 1-3 所示。

图 1-3　黑白灰

 色调

色调是指色彩外观的重要特征和基本倾向。它是由色彩的色相、明度、纯度三要素的综合运用形成的，其中的某种因素起主导作用，就称为某种色调。一般我们从以下三个方面加以区分。

- 从明度上分为明色调（高调）、暗色调（低调）、灰色调（中调），如图 1-4 所示。

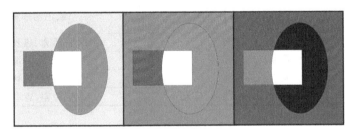

图 1-4　高、低、中调

- 从色相上分为红色调、黄色调、绿色调、蓝色调、紫色调，如图 1-5 所示。

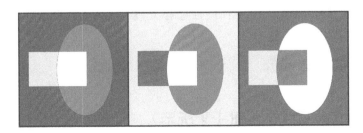

图 1-5　红、黄、蓝调

- 从纯度上分为清色调(纯色加白或加黑)、浊色调(纯色加灰),如图1-6所示。

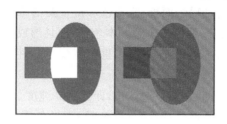

图 1-6　清、浊调

1.2.2　色彩与心理

色彩本身只因不同波长光线而产生,无所谓情感心理。但由于人们日常的生产生活经验不一样,因为人们的性别、年龄、性格、气质、民族、爱好、习惯、文化背景、种族、环境、宗教信仰、审美情趣和心理联想等原因给色彩披上了感情色彩,并由此引发出色彩的象征及对不同色彩的好恶、偏爱与禁忌,故而有了色彩心理学。

 色彩的情感联想

色彩本身并无情感,但是当人们看了某种颜色后很可能会产生某种想象,这是由于人们对某些事物的联想而形成的。

联想是指由一事物想到另一事物的心理过程,它是以过去的经验、记忆为基础的。由于民族、地区、职业、年龄、性别和文化程度等条件不同,各人的联想也不尽相同。联想又分为具体联想与抽象联想,抽象联想较多地出现于成人。人们对色彩的具体联想如表1-1所示。

表 1-1　色彩的联想

颜色 \ 类别	颜色的具体联想	颜色的抽象联想
红	太阳、血、红旗	热情、活力、热烈、喜庆
黄	香蕉、柠檬、月亮	光明、希望、辉煌、欢快
蓝	天空、大海、水	安静、永恒、理智、冷酷
绿	树叶、田野、森林、草地	和平、希望、青春

 色彩的轻重、冷暖

这都是一种心理因素,与实际温度、重量无直接关系。它只是一种对比感觉而已。暖色有红、橙色等,冷色有蓝、绿、黑、白色等,中性色有黄、紫、灰色等。轻色有高明度的色,如白色;重色有低明度的色,如黑色。

1.2.3　色彩设计方法

 色彩对比(如图1-7～图1-9所示)

- 色相对比:两种以上不同的色相并列时所产生的不同的刺激程度。

- 明度对比：因色彩的明暗不同形成的对比。
- 纯度对比：将两个或两个以上不同纯度的色彩并置在一起能够产生色彩的鲜艳或混浊的感受对比。
- 冷暖对比：指人们依据生活中的经验，对色彩产生的一种心理上的冷暖感觉对比。
- 补色对比：色环上相隔 180°的两色互为补色，混合时成为黑色，并列时的对比最强烈。
- 同时对比：把一块中性色放在两块纯色中间时，会使它带有邻近色的补色的感觉，作为背景纯色看得时间越长，色彩越明亮。
- 连续对比：指先看 A 颜色，再看 B 颜色时，A 颜色对 B 颜色的影响，这种对比与观察的时间有关。
- 面积对比：色彩在画面所占的空间大小、面积多少的不同而形成的对比。
- 综合对比：指因明度、色相、纯度等两种以上性质的差别而形成的同时出现在一个画面上的对比。

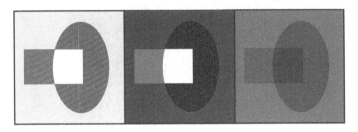

图 1-7　色相对比、明度对比、纯度对比

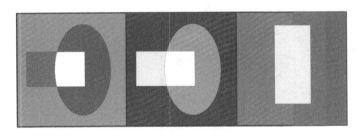

图 1-8　冷暖对比、补色对比、同时对比

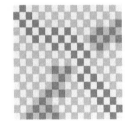

图 1-9　面积对比、综合对比

 调和

色彩调和的基本原理是通过调节色相、明度与纯度的关系，追求色彩的条理性和秩序感。色彩调和的基本方法如下。

（1）色相、明度与纯度三者中两同一，一者变化或者一者同一，二者变化。

（2）各色均混入同一色相，以达统一。

（3）在各色之间连贯穿插同一色彩，产生协调。

（4）减弱对比求调和。

（5）调节色彩三属性与面积的关系求得视觉平衡。

色彩组调

色彩组调即用色彩构成画面,这也是设计者学习的目的。

一件设计作品或艺术作品里,面积最大的色彩或色组是主色调,反之为辅助色。这些各种不同的色调组合,形成了不同调性,如冷暖、明暗、动静、轻重、进退、刚柔等,它分积极的色调(明快的、热烈的色彩)和消极的色调(暗淡的灰色和冷色),运用时只要将画面颜色的顺序和面积按比例改变,便可以得到不同的色调,如图 1-10 和图 1-11 所示。

图 1-10　色彩构成实例——包装设计(效果图)

图 1-11　色彩构成实例——广告设计

1.2.4　色彩搭配原理及技巧

运用不同的色彩,作品的外观风格有所不同,作品给人的感觉也不同。也就是说,色彩作为传达作品形象的首位视觉要素,会在观众脑中留下长久的印象。即使观众无法清楚地记住自己看过的作品的外形特征,至少能够容易地想起作品的色彩。也就是说,色彩作为最直接的视觉语言,可以很容易使人联想到与色彩及其相关的视觉要素,如作品的主色、辅助色、强调色。

红色系

红色通常象征着火,能够强烈地刺激情感。从光学特征上来讲,红色的波长最长,在亮度相同的条件下,红色最显眼;红色能够在最短的时间内刺激感觉神经,给人的情感带来最快速的影响。色彩疗法指出,红色能促使分泌肾上腺素,加快心跳,提高血压和脉搏数,增加人的不安和紧张情绪。总之,红色给人的印象就是具有强烈的力量,给人温暖的感觉;同时又包含着恐怖和危险性,也是情欲的代表色彩,如图 1-12 所示。

R 255	R 246	R 171
G 0	G 12	G 15
B 51	B 13	B 55
# ff0033	# f60c0d	# ab0f37

(a)   (b)

图 1-12　红色系

 黄色系

黄色是唤起注意的和警觉的代表色彩。黄色具有唤起人们快速、直观的洞察力及视线集中的效果,常用于学校校车,道路中央标志线、禁止通行路障、警告牌等,成为警告的代表色彩。黄色的视线集中效果进行情感搭配的话效果更佳,蓝色、红色是增添黄色膨胀效果的有效色彩。黄色属于膨胀色,具有视觉上的膨胀效果,多用于商品包装,例如超市的柜台上黄色包装商品往往比其他商品更醒目。从古至今,金黄色一直是太阳神的象征,同样也是权力的象征色彩,如图 1-13 所示。

R 255	R 255	R 255
G 255	G 255	G 204
B 153	B 0	B 51
# ffff99	# ffff00	# ffcc33

(a)   (b)

图 1-13　黄色系

橙色系

橙色带给人的是朝气与活力、积极向上的感觉。橙色的特点是具有容易与人亲近的亲和力,也是社交文化氛围浓厚的现代社会的时代色彩。橙色不能发挥出很强的视线集中效果,但是可以唤起不同人群的注意,随着网络文化的普及和发展,橙色被广泛地运用到色彩营销中。橙色和蓝色搭配可以增加安定、安静、沉稳的感觉,如图 1-14 所示。

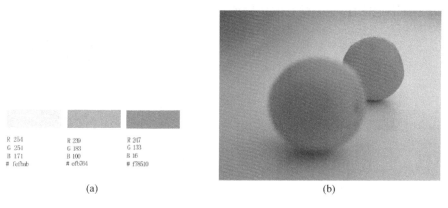

图 1-14　橙色系

 绿色系

绿色多数是植物色彩。在自然界中除了天与海,绿色所占面积最大。在人们的印象中,绿色的范围是从黄绿到青绿,实际上,正确的范围应以草绿色为中心,左右各 18°范围内为准。绿色的刺激和明度均不高,性质极为温和,属于中性偏冷的色彩,多数人喜好此色,如图 1-15 所示。

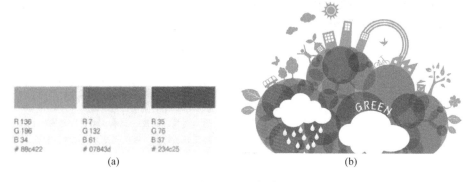

图 1-15　绿色系

 青色系

通常指的是天青色,该色系包括偏青紫和偏青绿两边的色彩,诸如水青、孔雀蓝、拂青、钴青、绀青、群青、普鲁士蓝等在内的色彩。青色明度比蓝色高而鲜艳,青色系的性格颇为冷静,它与朱红色的刺激性相反,尤其适宜年龄较大的人或者知识分子。青色系的色彩沉着、稳定、没有错觉变化,所以,在分量、面积、轻重、时间的感觉应用上,有很多地方值得人们研究,如图 1-16 所示。

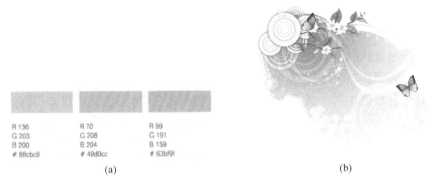

(a)   (b)

图 1-16   青色系

 紫色系

紫色是中性色之一,它的视认性不如注目性,即视觉效果不如感受效果大。女性尤其是成熟的女性,更适宜使用紫色系。紫色系是女性最喜欢的颜色之一,具有成熟老练的特征,如图 1-17 所示。

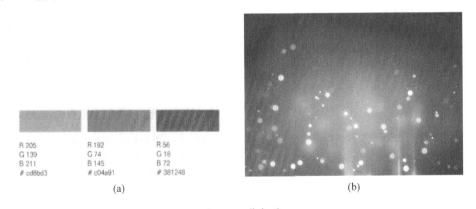

(a)   (b)

图 1-17   紫色系

 白色系

白色是中性色(属无彩色),除了温度心理外,从明视度及注目性上说,它是高而活泼的色彩,尤其是在配色上,白色的地位很高,具有能普遍参与色彩活动的特性。它的反射率最高,对生理和心理的刺激很大。白色虽然没有色相和纯度上的变化,但因反射率的不同,也会产生偏冷或偏暖的感觉,或是通过对比产生补色倾向。

第1章   数字图像处理基础知识

黑色系

黑色在心理上是一种很特殊的色彩(属无彩色),它本身无刺激性,但是可以与其他色彩搭配而增加刺激。黑色不但代表无光的夜晚,也可代表休息、一切超脱的境界。黑色具有明度要素的变化,可以加进各种不同色相里,使其色彩、纯度、明度降低。

 灰色系

灰色是一种地道的中性色彩,它是由黑色加白色产生的。它的视认性和注目性都很低,而且色彩性质比较顺从,其作用是不但不干涉其他色彩,还易于和其他色彩混合在一起,并且具有协调其他色彩的作用。灰色的色彩从浅灰色到暗灰色,层次变化很多,其色彩感觉各异。

1.3 实 例 演 练

红色系运用效果

本案例以红色为主,加上黄色的搭配,整个画面充满了活力。白色的文字与背景深红色产生了鲜明的对比,让整个画面更加活跃,更有气氛。这样有活力的版面,才能使人感到火炬永久燃烧(色彩搭配如图 1-18 所示),最终效果如图 1-19 所示。

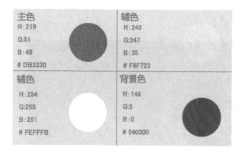

图 1-18　色彩搭配

图 1-19　最终效果图

制作步骤:

(1) 执行"文件"→"打开"命令,打开背景素材图像,如图 1-20 所示。

图 1-20　背景素材图像

（2）执行"文件"→"打开"命令，打开"图案"素材图像，并将其拖曳至背景文件中，得到图层 1。按 Ctrl＋T 键调出自由变换控制框，按住 Shift 键将其等比例缩小，效果如图 1-21 所示，按回车键确认变换。

图 1-21　调整图案

（3）用同样方法将其他素材导入背景文件，调整后的效果如图 1-22 所示。

图 1-22　导入其他素材效果

（4）在工具箱中选择横排文字工具 T.，然后在其工具属性栏中设置文字的字体、字号、颜色等参数，输入文字效果如图 1-23 所示。

图 1-23　输入文字效果

1.4　思考与练习

1. 填空题

（1）位图图像也称作_____或_____，它是由多个颜色不同的_____组成的。不同颜色方格排在不同的位置就形成了不同图像。而图像分辨率取决于显示_____的大小，显示图像小，像素就小，_____就低；显示图像大时，情况正好相反。

（2）像素是_____的简称，它是位图中最小的_____单位。

2. 简答题

（1）构成学包括哪三大构成？

（2）平面构成的概念元素和视觉元素各有哪些？

（3）列举生活中一些平面构成的常见形式和实例。

（4）色彩的三要素是什么？

（5）你知道的设计色彩的方法有哪些？

3. 上机练习

运用如图 1-24 所示的色彩搭配制作如图 1-25 所示的效果图。

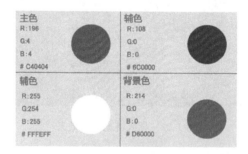

图 1-24　色彩搭配

图 1-25　效果图

第2章 Photoshop CS6软件的基本操作

本章导读

本章的内容是学习 Photoshop 的重要基础。要求了解软件应用领域,熟悉 Photoshop 工作界面与图像的基本操作及编辑方法。本章将详细介绍软件的基本操作和使用方法,从而使初学者快速有效地学习并掌握。

学习重点

✓ 图像基本操作。

✓ 图像变换。

2.1 Photoshop 的应用领域

2.1.1 在数码摄影后期处理中的应用

Photoshop 最为主要的功能之一就是加工和处理相片。通过使用 Photoshop,用户能够调整相片的颜色,改善相片中的缺陷等,如图 2-1 所示。

(a) 曝光不足的照片　　　　　　　　(b) 经Photoshop修饰的照片

图 2-1　在数码摄影后期处理中的应用

2.1.2 在平面设计中的应用

Photoshop 的出现不仅引发了印刷业的技术革命,也成为图像处理领域的行业标准。在平面设计与制作中,Photoshop 已经完全渗透到了平面广告、包装、海报、POP、书籍装帧、印刷、制版等各个环节,如图 2-2 所示。

2.1.3 在数码艺术创作中的应用

数码艺术是近年兴起的一种独特的艺术方式,而 Photoshop 是数码艺术创作中最主要的工具之一。使用 Photoshop 可以创作出很多独具特色的艺术作品,如图 2-3 所示。

(a) 平面广告　　　　　　(b) 包装广告

图 2-2　在平面设计中的应用

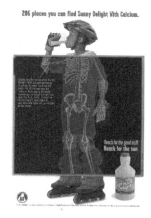

图 2-3　在数码艺术创作中的应用

2.1.4 网页制作中的应用

随着 Internet 的流行,网页的设计也变得越来越重要。通常都是先用 Photoshop 生成精美的图片,然后放入网页编辑软件中进行合成而得到精美的网页,如图 2-4 所示。

图 2-4　在网页制作中的应用

2.1.5　在插图设计中的应用

　　数码艺术插图作为 IT 时代的先锋视觉表达艺术之一，其触角延伸到了网络、广告、CD 封面甚至 T 恤，插图已经成为新文化群体表达的文化意识形态和利器。使用 Photoshop 可以绘制风格多样的插图，如图 2-5 所示。

图 2-5　在插图设计中的应用

2.1.6　在三维动画贴图和后期合成中的应用

　　由于电影、电视和游戏越来越多地使用动画，三维动画软件已经成为软件行业中发展最快的一个分支。不管哪一种三维动画软件都离不开 Photoshop，因为它们需要 Photoshop 来制作贴图和进行后期合成，如图 2-6 所示。

图 2-6　用 Photoshop 后期制作效果

2.2　Photoshop CS6 的界面操作

　　为了使 Photoshop CS6 的操作界面更适合个人使用习惯，可对操作界面的布局进行调整。本节将分别介绍自定义工作区、工具箱、调板组等的使用方法。

2.2.1 自定义工作区

Photoshop CS6 预设了多款工作区样式,用户可直接执行"窗口"→"工作区"命令,在下拉菜单中选择所需的工作区样式即可,如图 2-7 所示。

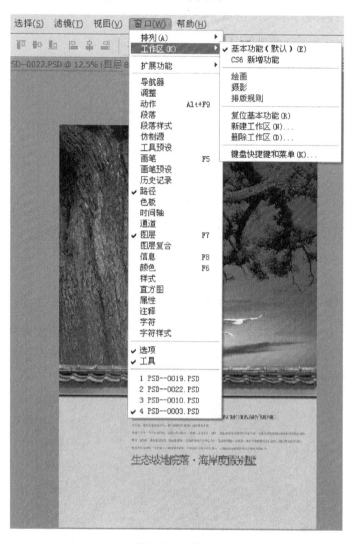

图 2-7 工作区

另外,通过执行"编辑"→"首选项"→"界面"命令,可在打开的"首选项"对话框中选择是否使用工具箱图标、是否显示工具提示等,如图 2-8 所示。

> 提示:自定义工作区后,可在"工作区"下拉菜单中选择"存储工作区"命令,对工作区进行存储,方便下次直接调用。

2.2.2 工具箱操作

在 Photoshop CS6 中,为了能让用户拥有更大的工作区域,开发者将工具箱设计为可折

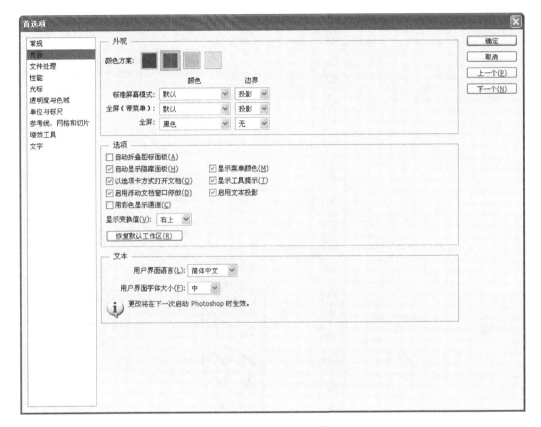

图 2-8 "首选项"对话框

叠的形式,用户只需单击顶部的双向箭头按钮 ▶▶ ,即可将工具箱在单排和双排显示效果间进行切换,如图 2-9 所示。默认状态下,工具箱以单排形式放置在工作界面的左侧。

 Photoshop CS6 的工具箱中包含有 50 多种工具。某些工具图标的右下角有一个三角符号 ◢ ,表示在该工具位置上存在一个工具组,其中包括了若干相关工具。要选择工具组中的其他工具,可在该工具图标上按住鼠标左键不放,在弹出的工具列表框中选择相应工具。

> 提示:在英文输入法状态下,在按住 Shift 键的同时按工具列表中的字母键,可以在该组工具中的不同工具间进行交替切换。
> 若要移动工具箱的位置,只需将鼠标指针定位在工具箱上方的空白处,然后按住鼠标左键并拖动鼠标即可。

 选择某个工具后,Photoshop 将在其属性栏中显示该工具的相应参数,用户可以通过该工具属性栏对工具参数进行调整。如图 2-10 所示即为矩形选框工具 ⬚ 的属性栏。

2.2.3 调板操作

 在 Photoshop CS6 中,调板位于程序窗口右侧,如图 2-11 所示。它们浮动于图像的上方,不会被图像所覆盖。其主要功能是用来观察编辑信息、选择颜色以及管理图层、路径和历史记录等。

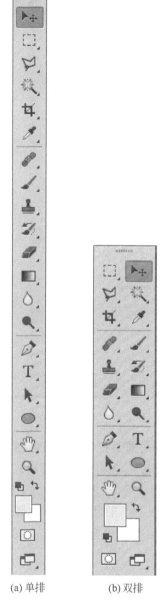

(a) 单排　　(b) 双排

图 2-9　工具箱

图 2-10　"矩形选框"工具属性栏

　　另外,如果用户想要关闭或打开某个调板,单击"窗口"菜单中的相应菜单项即可,如图 2-12 所示。

　　提示:按 Shift＋Tab 组合键,可以在保留工具箱的情况下,显示或隐藏所有调板。

单击该按钮可以收缩调板

图 2-11　调板

图 2-12　打开/关闭调板

Photoshop CS6 中的调板不但可以隐藏、伸缩、移动,还可以任意拆分和组合。

要拆分调板,只需将鼠标指针移至某个调板标签上,按住鼠标左键将其拖动到其他位置,即可将该调板拆分成一个独立的调板,要将一个独立的调板移回调板组上,只需将其拖动到调板组中即可。需要注意的是,重新组合的调板只能添加在其他调板的后面。

要恢复已经分离和组合的调板到其默认位置,还有另外一种方法,那就是执行"窗口"→"工作区"→"复位调板位置"命令。

2.3　图像文件的基本操作

图像文件的基本操作包括文件的新建、打开、保存、关闭、置入、导出、恢复和撤销编辑等,下面将对这些操作进行详细的介绍。

2.3.1 新建图像文件

在 Photoshop CS6 的工作界面（如图 2-13 所示）中，系统提供了一个工具箱和多个调板。在选中某个工具后，可以利用工具属性栏快速设置该工具的属性。

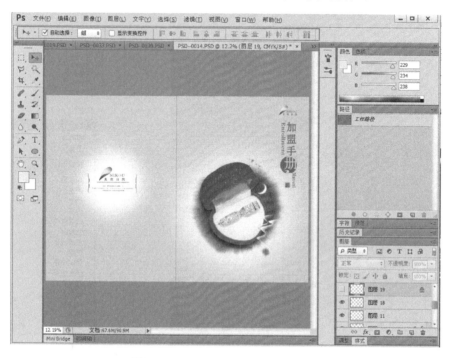

图 2-13 Photoshop CS6 的工作界面

如果要在工作界面中进行图像编辑，需先新建一个文件。

新建文件的方法有以下三种。

- 命令：单击"文件"→"新建"命令。
- 快捷键 1：按 Ctrl＋N 组合键。
- 快捷键 2：按住 Ctrl 键的同时，在工作区的灰色空白区域处双击鼠标左键。

使用上述的任何一种方法，都将会弹出"新建"对话框，如图 2-14 所示。

"新建"对话框中各主要选项的含义如下。

- 名称：在该文本框中输入新文件的名称。
- 预设：在该下拉列表框中可以选择预设的文件尺寸，其中有系统自带的 10 种设置。选择相应的选项后，"宽度"和"高度"数值框中将显示该选项的系统默认宽度与高度的数值；如果选择"自定义"选项，则可以直接在"宽度"和"高度"数值框中输入所需要的文件尺寸。
- 分辨率：该数值是一个非常重要的参数，在文件的高度和宽度不变的情况下，分辨率越大，图像越清晰。
- 颜色模式：在该下拉列表框中可以选择新建文件的颜色模式，通常选择"RGB 颜色"选项；如果创建的图像文件用于印刷，可以选择"CMYK 颜色"选项。

- 背景内容:用于设置新建文件的背景(如图 2-14 所示),选择"白色"或"背景色"选项时,创建的文件是带有颜色的背景图层,如图 2-15 所示;如果选择"透明"选项,则文件呈透明状态,并且没有背景图层,只有一个"图层 1",如图 2-16 所示。

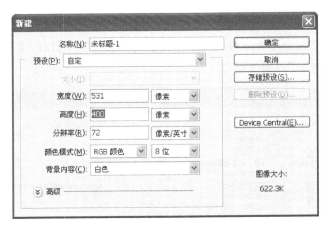

图 2-14 "新建"对话框

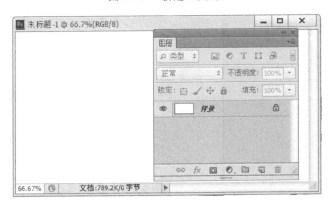

图 2-15 有颜色的背景图层

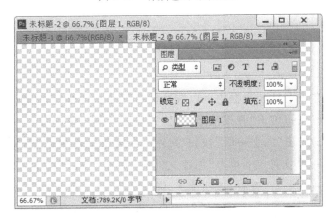

图 2-16 透明图层

- **存储预设**：单击该按钮，可以将当前设置的参数保存为预设选项，在下次新建文件时，可以从"预设"下拉列表框中直接调用，此方法特别适用于将常用的文件尺寸保存下来，以便在日后的工作中调用。

2.3.2 打开与关闭图像文件

 打开文件

用户可以直接使用菜单命令打开图像文件，执行"文件"→"打开"命令，将弹出"打开"对话框，如图 2-17 所示。

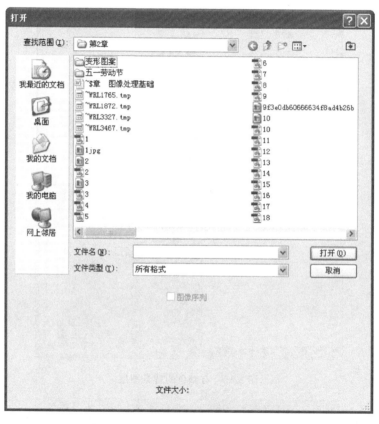

图 2-17 "打开"对话框

该对话框中各主要选项的含义如下。

- **查找范围**：在该下拉列表框中可以选择欲打开的文件路径，如图 2-18 所示。
- **按钮组**：这些按钮位于"查找范围"下拉列表框右侧。单击"向上一级"按钮 ，可向上返回一级；单击"向上一级"按钮 后， 按钮呈可用状态，单击 按钮可转到已访问的上一个文件夹；单击"创建文件夹"按钮 ，可在下方的文件列表框中新增一个文件夹；单击"查看"按钮 ，弹出如图 2-19 所示的下拉菜单，在其中可以选择文件的查看方式，如选择"详细信息"选项，文件列表框的文件就会以详细信息的形式显示，如图 2-20 所示。

图 2-18 查找范围

图 2-19 "查看"菜单   图 2-20 显示文件的详细信息

- 文件名：在文件列表框中选择需要打开的文件，则该文件的名称就会自动显示在"文件名"下拉列表框中，如图 2-21 所示。单击"打开"按钮，或双击该文件，或按 Enter 键，即可打开所选的文件，如图 2-22 所示。

如果要同时打开多个文件，可以在"打开"对话框中按住 Shift 或 Ctrl 键不放，用鼠标选

图 2-21　选择文件

图 2-22　打开的图像

择要打开的文件,然后单击"打开"按钮。

- 文件类型:在该下拉列表框中选择所要打开文件的格式。如果选择"所有格式"选项,则会显示该文件夹中的所有文件,如果只选择任意一种格式,则只会显示以此格式存储的文件。例如,选择 Photoshop(＊.PSD; ＊.PDD)格式,则文件窗口中只会显示以 Photoshop 格式存储的文件。

另外,执行"文件"→"最近打开文件"命令,在弹出的菜单中可显示最近打开或编辑的 10 个文件,如图 2-23 所示。单击文件名称,即可打开该文件。

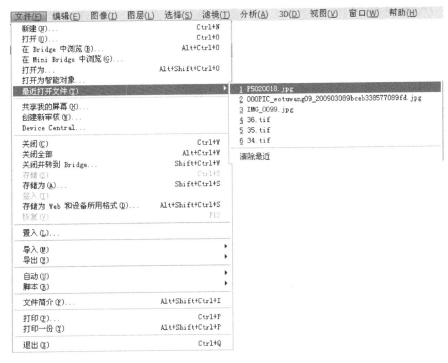

图 2-23　最近打开的文件

除了使用上述方法,用户还可以使用以下几种方法打开图像文件。
- 执行"文件"→"浏览"命令。
- 执行"文件"→"打开为"命令。
- 执行"文件"→"打开智能对象"命令。

 关闭文件

当编辑和处理完图像并对其进行保存后,就可以关闭图像窗口,可以通过选择"文件"→"关闭"命令、按 Ctrl＋W 键或 Ctrl＋F4 键以及单击图像窗口右上角的 ⊠ 按钮等方法来关闭图像文件。

提示:
- 要一次打开多个图像文件,可配合使用 Ctrl 键或 Shift 键来实现。
- 要打开一组连续的文件,只需在单击要选定的第一个文件后,再按住 Shift 键单击最后一个要打开的图像文件,最后单击"打开"按钮即可。
- 要打开一组不连续的文件,只需在单击要选定的第一个图像文件后,按住 Ctrl 键单击其他图像文件,最后单击"打开"按钮即可。

2.3.3 保存图像文件

在实际工作中,新建或更改后的图像文件需要进行保存,以便于以后使用,也避免了因停电和死机带来的麻烦。下面将分别介绍保存图像文件的操作方法。

 使用菜单命令

使用菜单命令保存图像文件有以下两种方法。

- 执行"文件"→"存储"命令。
- 执行"文件"→"存储为"命令。

 使用快捷键

使用快捷键保存图像文件有以下三种方法。

- 按 Ctrl+S 键。
- 按 Ctrl+Alt+S 键。
- 按 Shift+Ctrl+S 键。

若当前的文件是第一次进行保存操作,使用上述操作中的任何一种方法,都会弹出"存储为"对话框,如图 2-24 所示。

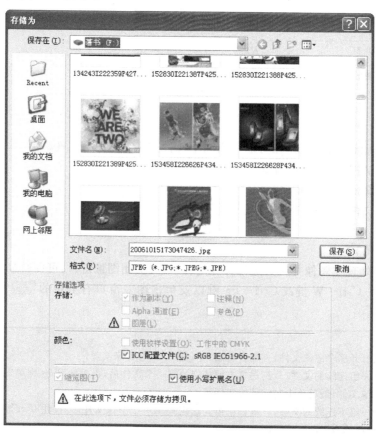

图 2-24 "存储为"对话框

该对话框中各主要选项的含义如下。

- 作为副本：选中该复选框，可保存副本文件作为备份。以副本方式保存图像文件后，仍可继续编辑原文件。
- 图层：选中该复选框，图像中的图层将分层保存；取消选择该复选框，在复选框的底部会显示警告信息，并将所有的图层进行合并保存。
- 使用校样设置：用于决定是否使用检测 CMYK 图像溢色功能。该选项仅在选择 PDF 格式的文件时才生效。
- ICC 配置文件：选中该复选框，可保存 ICC Profile（ICC 概貌）信息，以使图像在不同显示器中所显示的颜色相一致。该设置仅对 PSD、PDF、JPEG、AI 等格式的图像文件有效。

2.3.4　保存成网页文件

Photoshop CS6 提供了将文件保存成网页图像的功能，以满足网络的图像的传输速度和保存一定图像质量的要求，为用户制作网页提供了极大的方便。

🔴 动手练习——保存成网页文件

首先打开文件，然后使用"存储为 Web 所用格式"对话框中选择文件类型并优化图像，最后将其保存为网页文件，最终网页文件效果如图 2-25 所示。

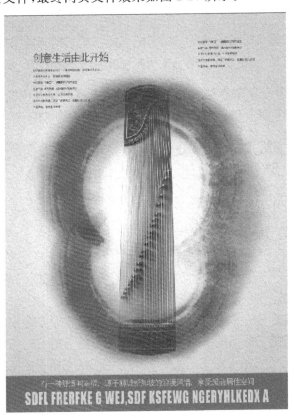

图 2-25　网页文件效果

（1）打开如图 2-25 所示的练习文件后，选择"文件"→"存储为 Web 所用格式"命令，打开"存储为 Web 所用格式"对话框。

（2）在打开的"存储为 Web 所用格式"对话框右侧选择需要保存的网页图像类型，然后设置对应的优化选项，单击"存储"按钮，如图 2-26 所示。

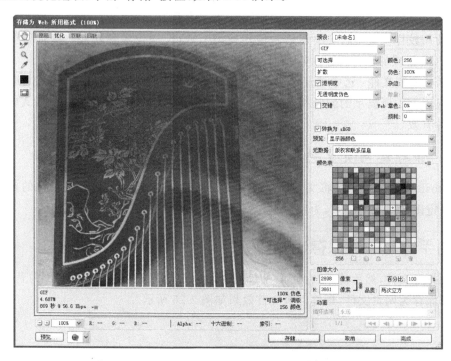

图 2-26 "存储为 Web 所用格式"对话框

（3）在打开的"将优化结果存储为"对话框中设置文件的保存位置及文件名，接着在"格式"下拉列表框中选择要保存的类型，单击"保存"按钮即可，如图 2-27 所示。

图 2-27 "将优化结果存储为"对话框

（4）保存完后，即可以网页的形式打开并浏览该图像文件，如图 2-28 所示。

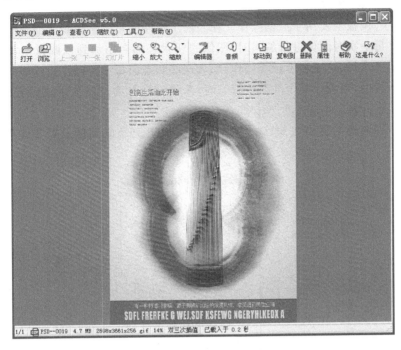

图 2-28　浏览该图像文件

2.3.5　撤销和恢复操作

使用中文版 Photoshop CS6 处理图像时，可以对所有的操作进行撤销和恢复操作。熟练地运用撤销和恢复功能将会给工作带来极大的方便。

 运用菜单命令

"编辑"菜单中的前三个命令用于操作步骤的撤销和恢复。

如果要撤销最近一步的图像处理操作，则可执行"编辑"菜单中的第一个命令，此时该命令的内容为"还原＋操作名称"。当执行了"还原＋操作名称"操作之后，该菜单就会变为"重做＋操作名称"，单击此命令又可以还原被撤销的操作。

执行"编辑"→"后退一步"命令，或者按 Alt＋Ctrl＋Z 键，则可逐步撤销所做的多步操作；而执行"前进一步"命令，或者按 Shift＋Ctrl＋Z 键，则可逐步恢复已撤销操作，如图 2-29 所示。

图 2-29　编辑菜单

运用"历史记录"调板

"历史记录"调板主要用于撤销操作。在当前工作期间可以跳转到所创建图像的任何一个最近状态。每一次对图像进行编辑时,图像的新状态都会添加到该调板中,例如,用户对图像局部进行了选择、绘画和旋转等操作,那么这些状态的每一个操作步骤都会单独地列在"历史记录"调板中,当选择其中的某个状态时,图像将恢复为应用该更改时的外观,此时用户可以以该状态开始工作。

"历史记录"调板主要由快照区、操作步骤区、历史记录画笔区及若干个按钮组成,如图 2-30 所示。

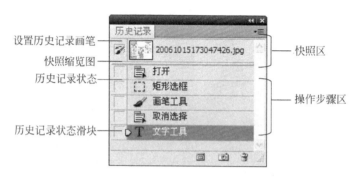

图 2-30 "历史记录"调板

单击该调板底部的"从当前状态创建新文档"按钮 ,可以将当前操作的图像文件复制为一个新文件,新建文档的名称以当前步骤的名称来命名,如图 2-31 所示。

图 2-31 创建新文档

单击该调板底部的"创建新快照"按钮  ，则会为当前步骤建立一个新的快照图像。快照是被保存的状态，用户可以将关键步骤创建为快照。拖动历史记录状态滑块 ，或者在快照上单击鼠标左键，可在多个快照之间相互切换，以观察不同操作方法得到的效果。

要删除历史状态，可选将其选中，然后单击"历史记录"调板底部的"删除当前状态"按钮 ，弹出一个提示信息框，如图 2-32 所示。单击"是"按钮，即可删除当前选择的状态。

图 2-32　提示信息框

提示：在默认情况下，"历史记录"调板中只记录 20 步操作，当操作超过 20 步之后，在此之前的状态会被自动删除，以便释放出更多的内存空间。要想在"历史记录"调板中记录更多的操作步骤，可执行"编辑"→"首选项"→"常规"命令，在弹出的"首选项"对话框中设置"历史记录"选项的值即可，其取值范围为 1%～100%，如图 2-33 所示。

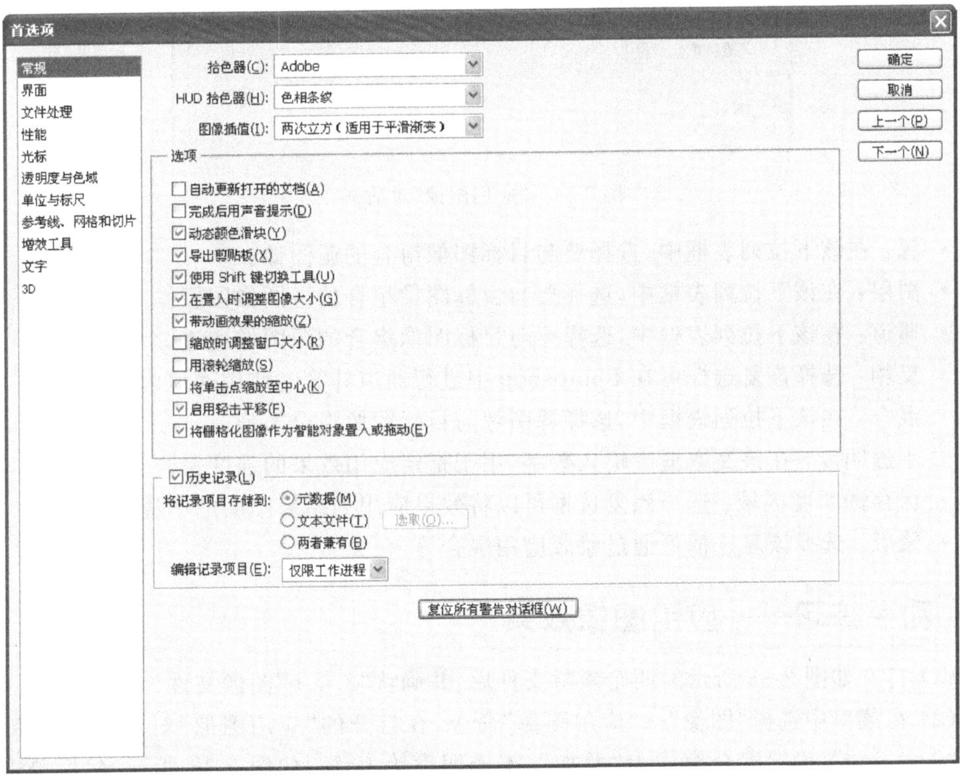

图 2-33　"首选项"对话框

2.4　图像编辑的基本操作

　　2.3节介绍了图像文件的基本操作方法,本节将继续介绍图像编辑的基本操作方法,如应用图像效果、设置图像与画布大小以及旋转画布与裁剪图像等。

2.4.1　应用图像效果

　　应用图像效果可将源图像的图层和通道与目标图像的图层和通道混合,从而制作出奇特的图像效果。在菜单栏中执行“图像”→“应用图像”命令,即可打开如图 2-34 所示的“应用图像”对话框,下面介绍该对话框中的各个参数。

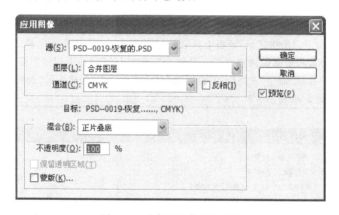

图 2-34　“应用图像”对话框

- 源:在该下拉列表框中,选择要与目标图像组合的源图像。
- 图层:在该下拉列表框中,选择要与目标图像组合的源图像图层。
- 通道:在该下拉列表框中,选择要与目标图像组合的源图像通道。
- 反相:选择该复选框可在 Photoshop 中进行通道计算时使用通道内容的负片。
- 混合:在该下拉列表框中,选择源图像与目标图像混合类型。
- 不透明度:在该文本框中输入数字,用于指定应用效果的强度。
- 保存透明度区域:选择该复选框可以将效果应用到结果图层的不透明区域。
- 蒙版:选择该复选框可通过蒙版应用混合。

◉ 动手练习——应用图像效果

　　(1) 打开如图 2-35 所示的两个素材文件后,并确认“2.4.b”图像文件为当前窗口。

　　(2) 在菜单中选择“图像”→“应用图像”命令,在打开的“应用图像”对话框中选择源图像为“2.3.ajpg”,设置混合模式为“叠加”,不透明度为 90%,如图 2-36 所示,然后单击“确定”按钮,即可得到如图 2-37 所示的效果。

　　提示:应用图像时,源图像与目标图像的像素尺寸必须一致,否则无法实现该功能。

图 2-35　打开素材文件

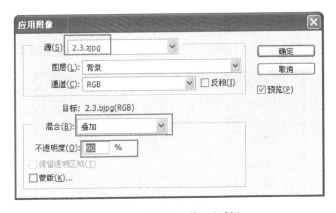

图 2-36　"应用图像"对话框

图 2-37　效果图

第2章　Photoshop CS6软件的基本操作

2.4.2 调整图像分辨率

在使用 Photoshop CS6 编辑图像时,可根据需要调整图像的尺寸和分辨率,其操作方法有如下两种。

- 命令:单击"图像"→"图像大小"命令。
- 快捷键:按 Ctrl+Alt+I 键。

动手练习——调整图像分辨率

(1)执行"文件"→"打开"命令,打开一幅素材图像,如图 2-38 所示。

图 2-38 素材图像

(2)执行"图像"→"图像大小"命令,弹出"图像大小"对话框,如图 2-39 所示。

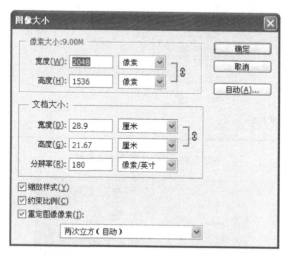

图 2-39 "图像大小"对话框

该对话框中主要选项的含义如下。

- 像素大小:该选项区中显示的是当前图像的宽度和高度,决定了图像的尺寸。
- 文档大小:通过改变该选项区中的"宽度"和"高度"值,可以调整图像在屏幕上的显示大小,同时图像的尺寸也相应发生了变化。

- 约束比例：选中该复选框后，"宽度"和"高度"选项后面将出现"锁链"图标，表示改变其中某一选项设置时，另一选项会同时按比例发生变化。

（3）单击"自动"按钮，弹出"自动分辨率"对话框，在该对话框中可以选择一种自动打印分辨率的样式，如图 2-40 所示。

图 2-40　"自动分辨率"对话框

（4）单击"确定"按钮，返回到"图像大小"对话框，在"文档大小"选项区中设置"宽度"值为 12.5 厘米、"高宽"值为 8.87 厘米，单击"确定"按钮，即可将图像调整为希望的大小。

2.4.3　调整画布大小

有时用户需要的不是改变图像的显示或打印尺寸，而是对图像进行裁剪或增加空白区，此时，可通过"画布大小"对话框来进行调整。

调整画布大小有以下两种方法。

- 命令：执行"图像"→"画布大小"命令。
- 快捷键：按 Alt+Ctrl+C 键。

执行以上的任意一种方法，均可弹出"画布大小"对话框，如图 2-41 所示。

图 2-41　"画布大小"对话框

该对话框中各主要选项的含义如下。

- 当前大小：该选项区显示当前图像的大小。
- 新建大小：该选项区用于设置画布的宽度和高度。
- 画布扩展颜色：在画布扩展颜色下拉列表框中可以选择背景层扩展部分的填充色，也可直接单击"画布扩展颜色"下拉列表框右侧的色彩方块，从弹出的"选择画布扩展颜色"对话框中设置填充的颜色。

2.4.4　旋转与翻转画布

当用户使用扫描仪扫描图像时,有时候得到的图像效果并不理想,常伴有轻微的倾斜现象,需要对其进行旋转与翻转操作以修复图像。执行"图像"→"旋转画布"子菜单中的命令可对画布进行相应的旋转和翻转,如图 2-42 所示。

旋转画布 (E)	▶	180 度 (1)
裁剪 (P)		90 度 (顺时针) (9)
裁切 (R)…		90 度 (逆时针) (0)
显示全部 (V)		任意角度 (A)…
变量 (B)	▶	水平翻转画布 (H)
应用数据组 (L)		垂直翻转画布 (V)
陷印 (T)		

图 2-42　"旋转画布"子菜单

旋转画布子菜单中各命令的含义如下。

- 180 度:使用该命令,可以对图像进行 180°的旋转操作。
- 90 度(顺时针):使用该命令,可以对图像进行顺时针方向旋转 90°的操作。
- 90 度(逆时针):使用该命令,可以对图像进行逆时针方向旋转 90°的操作。
- 任意角度:使用该命令,可弹出"旋转画布"对话框,在该对话框的"角度"数值框中自定义旋转角度。
- 水平翻转画布:使用该命令,可以对图像进行水平翻转操作。
- 垂直翻转画布:使用该命令,可以对图像进行垂直翻转操作。

使用以上部分命令,对图像进行旋转操作后的效果如图 2-43 所示。

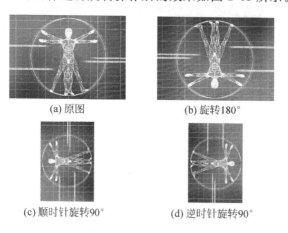

(a) 原图　　　　　　　(b) 旋转180°

(c) 顺时针旋转90°　　　(d) 逆时针旋转90°

图 2-43　旋转画布效果

2.4.5　图像变换

变换操作可以将缩放、旋转、斜切、扭曲、透视、变形和翻转应用到选区、图层和矢量图形。图像选区变换与选取范围线的变换操作方法基本相同,只不过变换的对象不同而已。

自由变换

选择"编辑"→"自由变换"命令,可以直接使用缩放、旋转、斜切、扭曲、透视功能,而不必从菜单中选择这些命令。拖移变换边框手柄产生的变换效果,也可以在选项栏中直接输入数值,选项栏如图 2-44 所示。

图 2-44 "自由变换"属性栏

提示:按下 Ctrl+T 键可直接进入自由变换状态。

在对象上出现周围八个手柄和一个中心参考点的控制框,中心点的位置影响变形操作基准点,可通过拖移更改其位置。如图 2-45 所示为图像基本变换效果。

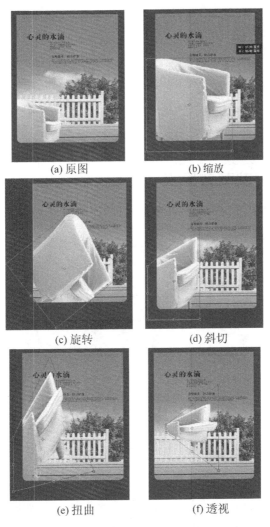

(a) 原图 (b) 缩放

(c) 旋转 (d) 斜切

(e) 扭曲 (f) 透视

图 2-45 图像基本变换效果

变形

变形可以转换图层到多种预设形状,或者使用自定义选项拖曳图像。变形选项与文字工具预设计基本相同,包括扇形、拱形、凸形、贝壳、旗帜、鱼形、波浪、增加、鱼眼、膨胀、挤压和扭转。

打开一幅素材图像,执行"编辑"→"变换"→"变形"命令,如图 2-46 所示,在图像上出现网格调整线。调整变换边框手柄,效果如图 2-47 所示。

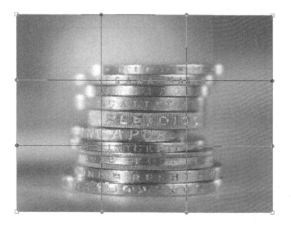

图 2-46　打开变形

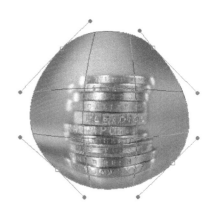

图 2-47　调整边框手柄

动手练习——裁剪效果

(1) 执行"文件"→"打开"命令,打开包装文件,如图 2-48 所示。

图 2-48　打开包装

(2) 执行"编辑"→"自由变换"命令,对图像进行自由变形,如图 2-49 所示。

(3) 执行"编辑"→"变换"→"透视"命令,对图像进行透视变形,如图 2-50 所示。

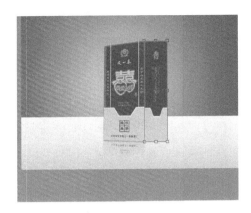

图 2-49　自由变换

图 2-50　透视变形

（4）按 Enter 键确认变形操作，在"图层"调板中选中"图层 2"，然后将其拖动到"创建新图层"按钮 上，复制包装侧面层，如图 2-51 所示。

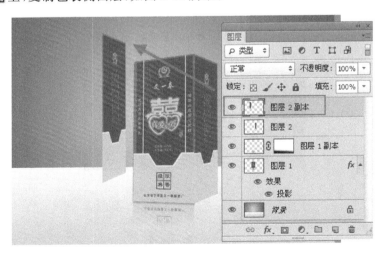

图 2-51　复制侧面层

（5）选定复制图层，执行"编辑"→"变换"→"垂直翻转"命令，将其垂直翻转并移动至包装侧下方,然后执行"编辑"→"变换"→"透视"命令,对图像进行透视变形,如图 2-52 所示。

图 2-52　透视变形

(6) 按 Enter 键确认变形操作,单击"图层"调板底部的"添加图层蒙版"按钮,对其添加图层蒙版,选择渐变工具 ,用黑白线性渐变从下向上绘制渐变,如图 2-53 所示,得到的效果如图 2-54 所示。

图 2-53　添加图层蒙版

图 2-54　渐变效果

(7) 将侧面图层 2 设置为当前图层,然后单击"图层"调板底部的"添加图层样式"按钮 *fx*,并在弹出的下拉菜单中选择"投影"选项,在打开的"图层样式"对话框中,设置如

图 2-55 所示的参数,得到侧面的阴影效果如图 2-56 所示。

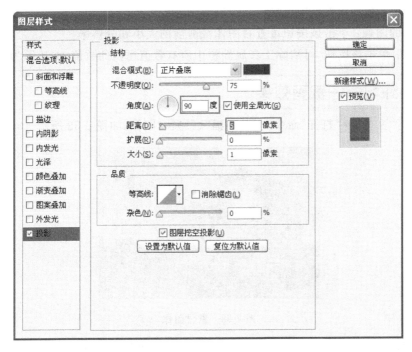

图 2-55　"图层样式"参数设置

图 2-56　阴影效果

2.4.6　图像裁切

在进行图像处理的过程中,有时需要将倾斜的图像修剪整齐,或将图像边缘多余的部分裁去,这些操作均可使用裁剪工具来完成,下面将介绍裁剪工具的使用方法。

选取工具箱中的裁剪工具,其属性栏如图 2-57 所示。

图 2-57　"裁剪"工具属性栏

该工具属性栏中各主要选项的含义如下。

- 宽度/高度：在"宽度"和"高度"数值框中输入所需的数值，可对图像进行精确裁切。
- 分辨率：在其数值框中可输入裁剪后的图像分辨率。
- 前面的图像：单击该按钮可查看图像裁剪前的大小和分辨率。
- 清除：单击该按钮，可清除工具属性栏中所有数值框内的数值，即还原为默认值。

动手练习——裁剪效果

（1）执行"文件"→"打开"命令，打开一幅风景素材图像，如图 2-58 所示。

图 2-58　素材图像

（2）选取工具箱中的裁剪工具，或者按 C 键，在图像中按住鼠标左键并拖动，得到一个裁剪范围，此时裁剪范围外部的图像将变暗，如图 2-59 所示。

（3）双击鼠标左键或按 Enter 键，即可裁去控制框以外的图像，如图 2-60 所示。

图 2-59　创建裁剪区域

图 2-60　裁剪效果

提示：
- 若在选定裁切区域的同时按住 Shift 键，那么所选择的裁剪区域即为正方形。
- 若在选定裁切区域的同时按住 Alt 键，则选取以起始点为中心的裁剪区域。
- 若在选定裁切区域的同时按住 Alt＋Shift 键，则选取以起始点为中心的正方形裁剪区域。

2.5　标尺、网格及参考线的使用

灵活掌握标尺、网格和参考线的使用方法，可以帮助用户在绘制图像过程中精确地对图像进行定位和对齐。下面将详细讲解标尺、网格和参考线的使用方法。

2.5.1 使用标尺

在 Photoshop CS6 中，为了便于用户在处理图像时能够精确定位指针的位置和对图像进行选择，可以使用标尺来完成相关操作，下面将分别进行介绍。

 显示和隐藏标尺

隐藏标尺有以下两种方法。

- 命令：执行"视图"→"标尺"命令。
- 快捷键：按 Ctrl＋R 键。

执行以上任意一种方法，均可显示或隐藏标尺，如图 2-61 所示。

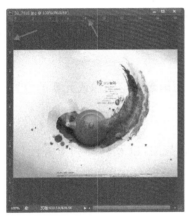 

(a) 显示标尺   (b) 隐藏标尺

图 2-61　显示和隐藏标尺

 更改标尺原点

将鼠标指针移动到图像窗口左上角的标尺交叉点上，单击鼠标左键并沿着对角线向下拖动，此时，跟随鼠标指针将出现一个十字线，释放鼠标左键，标尺上的新原点为释放鼠标左键的位置，如图 2-62 所示。

 还原标尺的设置

在图像编辑窗口左上角的标尺交叉点处双击鼠标左键，即可将标尺还原到默认位置。

 标尺的设置

执行"编辑"→"首选项"→"单位与标尺"命令，或在图像窗口中的标尺上双击鼠标左键，均可弹出"首选项"对话框，在此对话框中可以设置标尺的相关参数。

48

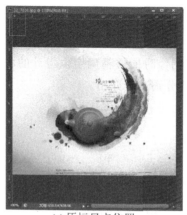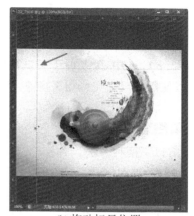

(a) 原标尺点位置　　　　　　　　　(b) 拖动标尺位置

图 2-62　更改标尺原点

2.5.2　使用网格

网格同标尺的作用一样，也是为了便于用户精确地确定图像或元素的位置。

 显示网格

使用网格，用户可以沿着网格线的位置选取范围，以及移动和对齐图像对象，常用于标识。

显示网格有如下两种方法。

- 命令：执行"视图"→"显示"→"网格"命令。
- 快捷键：按 Ctrl＋"键。

使用以上任意一种方法，均可显示网格，如图 2-63 所示。

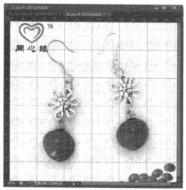

(a) 隐藏网格　　　　　　　　　　(b) 显示网格

图 2-63　隐藏和显示网格

 隐藏网格

隐藏网格有如下两种方法。

• 命令：执行"视图"→"显示"→"网格"命令，可隐藏网格，如图 2-64 所示。

图 2-64 "网格"命令

• 快捷键：当不需要显示网格时，再次按 Ctrl＋"键，即可隐藏显示的网格。

对齐到网格

执行"视图"→"对齐到"→"网格"命令，这样当移动物体时就会自动对齐网格，而且在创建选取区域时会自动地贴近网格线进行选取。

网格的设置

执行"编辑"→"首选项"→"参考线、网格、切片和计数"命令，弹出"首选项"对话框，如图 2-65 所示。在网格选项区中可以设置网格的颜色、样式、网格线间隔及子网格的数目。

2.6 实 例 演 练

49

手提袋包装效果

本案例首先制作手提袋包装，然后将进行自变换，调整出立体效果，最后复制，垂直翻转，制作倒影效果，最终效果如图 2-66 所示。

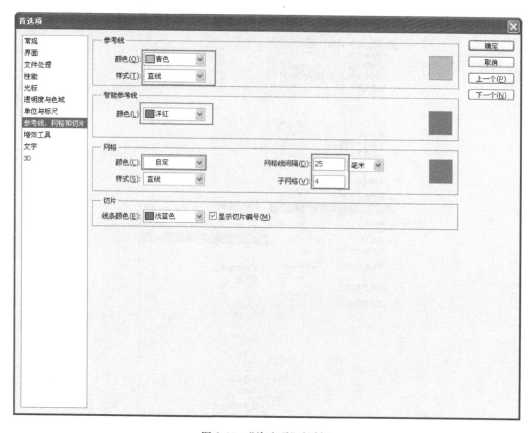

图 2-65 "首选项"对话框

图 2-66 手提袋效果

制作步骤

(1) 新建一个大小 28cm×21cm,名为"手提袋"的图像文件,其他参数如图 2-67 所示。

(2) 新建图层 1,选择"矩形选框"工具,在图层 1 中绘制一个矩形选区,并为其填充颜色(R:178、G:27、B:32),效果如图 2-68 所示。

(3) 重复上一步操作,绘制一个稍小的矩形选区,并为其填充颜色(R:132、G:13、B:17),效果如图 2-69 所示。

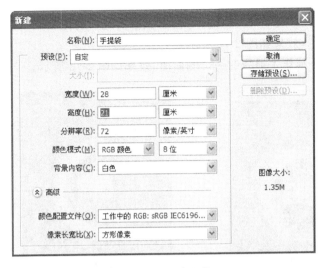

图 2-67　新建文件

图 2-68　填充效果

图 2-69　填充效果

（4）打开画笔素材图像，将其调入新建文档中，执行"编辑"→"自由变换"命令，对图像进行自由变形，调整其大小及位置如图 2-70 所示。

（5）打开一幅标志素材图像，并将调入画面中，调整其大小及位置，并执行"图层"→"图层样式"→"投影"命令，在打开的对话框中使用默认的参数设置，得到的效果如图 2-71 所示。

图 2-70　调入素材效果

图 2-71　投影效果

52

（6）单击工具箱中"文本"工具,输入"流水人家房地产有限公司"文字,字体为"方正古隶繁体",颜色为白色,效果如图 2-72 所示。

（7）按上述方法制作手提袋的一个侧面图,效果如图 2-73 所示。

图 2-72　输入文字效果

图 2-73　制作侧面效果

（8）单击工具箱中"文本"工具输入"别样生活 从此开始"文字,字体为"方正古隶繁体",颜色为白色,合并图层,效果如图 2-74 所示。

（9）新建一个图像文件,将前面制作好的手提袋正面和侧面效果图调入新建文件中,效果如图 2-75 所示。

图 2-74　输入文字效果

图 2-75　正面、侧面效果

（10）按 Ctrl＋T 组合键调出"变换"控制框,变换手提袋正面图,效果如图 2-76 所示。

（11）重复上一步操作,将手提袋侧面变形,效果如图 2-77 所示。

（12）选择工具箱中的"套索"工具,绘制出侧面包装图的一个底角选区,用"颜色减淡"工具减淡选区颜色,效果如图 2-78 所示。

（13）重复上述操作,用"矩形选框"工具绘制出矩形选区,并用"颜色加深"工具绘制选区,加深选区颜色,效果如图 2-79 所示。

图 2-76　变换正面效果

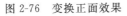

图 2-77　变换侧面效果

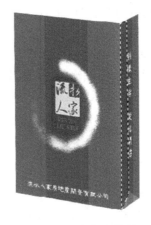

图 2-78　颜色减淡效果

图 2-79　颜色加深效果

（14）新建图层 3 并将该图层调整到图层 1 下面，选择"套索"工具绘制出一个多边形，并将其填充为黑色，效果如图 2-80 所示。

（15）新建图层 4，并将其调整到图层 3 下面，用"套索"工具绘制出一个多边形选区，填充灰色颜色，效果如图 2-81 所示。

图 2-80　填充黑色效果

图 2-81　填充灰色效果

53

第2章　Photoshop CS6软件的基本操作

（16）新建图层 5，选择"椭圆选框"工具并在按住 Shift 键的同时拖曳鼠标，绘制出一个圆形选区。为该选区填充白色，并描上墨脱色的边，效果如图 2-82 所示。

（17）复制图层 5，并将其移动到适当位置，效果如图 2-83 所示。

图 2-82　绘制圆形效果　　　　　　　图 2-83　复制效果

（18）新建图层 6，用"钢笔"工具绘制出包装袋手提绳的路径，并单击"路径"面板中的"画笔描边路径"按钮，为手提袋路径描出白色的边缘。设置前景色为灰色，用"画笔"工具对手提绳进行涂抹，表现手提绳的立体感，如图 2-84 所示。

（19）同样制作另一手提绳线，并将其所在的图层 7 调整到其他图层的下面、背景图层的上面，效果如图 2-85 所示。

图 2-84　绘制手提绳效果(1)　　　　图 2-85　绘制手提绳效果(2)

（20）再次调入前面制作的正面效果图，并将其自由变换成如图 2-86 所示的效果。

（21）制作背景。调入背景素材图像，调整其大小及位置，并将该图层调整到其他图层的下面、背景图层的上面，效果如图 2-87 所示。

（22）新建图层 9，并在该图层填充深红色，将图层混合模式设置为"叠加"模式，效果如图 2-88 所示。

（23）制作倒影。复制正面图层，选择"变换"→"垂直翻转"命令，得到垂直翻转复制的图层，并将其移动到适当位置，效果如图 2-89 所示。

图 2-86　自由变换效果

图 2-87　背景效果

图 2-88　设置"叠加"模式效果

图 2-89　"垂直翻转"效果

（24）按 Ctrl＋T 组合键调出"变换"控制框，得到自由变换复制的图层，效果如图 2-90 所示。

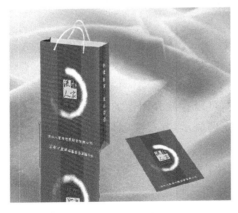

图 2-90　自由变换效果

55

(25) 按 Enter 键确认变换,并将复制图层的"不透明度"调整为 20%,效果如图 2-91 所示。

图 2-91　调整"不透明度"效果

(26) 用同样方法制作其他面的倒影效果,如图 2-92 所示。

图 2-92　制作其他面的倒影效果

(27) 新建图层,并将该层调整到背景素材图层上,用"矩形选框"工具,绘制矩形选区并将其填充为黑色,即可得到本例的最终效果,如图 2-66 所示。

2.7　思考与练习

1. 填空题

(1) 按_____组合键,可以在放大图像的同时自动调整窗口的大小;按_____组合键,可以使图像以 100% 的比例显示,其是实际像素的快捷键;按_____组合键,将图像以最合适的比例完全显示。

(2) 要调整窗口的尺寸,用户除了可以使用窗口右上角的"_____"按钮▣ 和"_____"按钮▣("还原"按钮▣)之外,还可以将鼠标指针放置到图像窗口的边框线上,鼠标指针呈双向箭头形状,按住鼠标左键不放拖动窗口,即可改变_____。

2．简答题

（1）打开图像文件有哪几种方法？

（2）改变图像的显示有哪几种方法？

（3）创建参考线有哪几种方法？

3．上机练习

（1）练习制作如图 2-93 所示的立体包装效果。

图 2-93　立体文字

（2）练习裁剪图像的操作（如图 2-94 所示）。

(a) 裁剪前图像　　　　　　　　　　　(b) 裁剪后图像

图 2-94　裁剪图像

第 3 章　选区的创建与编辑

本章导读

本章主要介绍如何运用工具和命令创建选区，以及选区的基本操作、编辑和应用。在 Photoshop 中处理图像时，选取范围是一项比较重要的工作。选取范围的优劣、准确与否，都与图像编辑的成败有着密切的关系。因此，进行有效的、精确的范围选取能够提高工作效率和图像质量，帮助用户创作出生动活泼的数码美术作品。

学习重点

✓ 选区创建方法。

✓ 选择区域修改。

3.1　选区的创建

在 Photoshop CS6 中编辑图像，通常不是针对整个图像，而是对图像局部进行处理，因此选区功能就显得尤为重要。在 Photoshop CS6 中，可以创建选区的工具有多种，使用这些工具可以按照不同的形式来选定图像的局部区域并对其进行调整或效果处理。下面将介绍创建选区的 12 种方法。

3.1.1　运用选框工具创建几何选区

选框工具组位于工具箱的左上角，将鼠标指针移动到默认的矩形选框工具 上，单击鼠标右键就会弹出选框工具列表，其中包括 4 种工具，即矩形选框工具、椭圆选框工具、单行选框工具和单列选框工具，如图 3-1 所示。

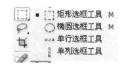

图 3-1　选框工具组

 矩形选框工具

使用矩形选框工具可以建立矩形选区，该工具是区域选择工具中最基本、最常用的工具。选取工具箱中的矩形选框工具，其属性栏如图 3-2 所示。

图 3-2　矩形选框工具属性栏

该工具属性栏中各主要选项的含义如下。

- 选区运算方式：分别表示新选区、添加到选区、从选区减去和与选区交叉，选择不同的方式，所获得的选择区域也不相同。

- 羽化：在该数值框中可输入数值，以设置所选区域的边界的羽化程度。
- 消除锯齿：选中该复选框，可以将所选区域的边界的锯齿边缘消除。
- 样式：该下拉列表框中包括三个选项，分别是"正常"、"固定比例"和"固定大小"。若选择"正常"选项，可通过拖曳鼠标确定选区大小；若选择"固定比例"选项，在其右侧的"宽度"和"高度"数值框中输入所需要的数值，即可决定选区宽度和高度的比值；若选择"固定大小"选项，则可创建固定大小的选区。

动手练习——背景效果

（1）单击"文件"→"打开"命令，打开素材图像，如图 3-3 所示。

（2）设置前景色为白色、背景色为灰色（RGB 参数值分别为 196、196、191），单击"图层"调板底部的"创建新图层"按钮，创建一个新图层，按 Ctrl+[组合键，将创建的新图层置于最底层。

（3）选取工具箱中的矩形选框工具 ⬚，移动鼠标指针至图像编辑窗口左上角处，按住鼠标左键并向右下角拖动至合适位置后释放鼠标，创建一个矩形选区，如图 3-4 所示。

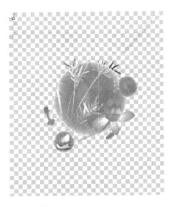

图 3-3　素材图像

图 3-4　创建的矩形选区

（4）按 Ctrl+Delete 组合键，对创建的选区填充前景色，单击"选择"→"取消选择"命令取消选区，效果如图 3-5 所示。

（5）在图像的底部按住鼠标左键并向右拖动，创建一个矩形选区，然后按 Alt+Delete 组合键，对创建的选区填充设置的背景色，并取消选区，效果如图 3-6 所示。

图 3-5　填充前景色并取消选区

图 3-6　填充背景色

椭圆选框工具

选取工具箱中的椭圆工具,可以用其创建椭圆和正圆选区;该工具属性栏中包含新选区、添加到选区、从选区减去、与选区交叉、羽化、消除锯齿和样式选项等,与矩形选框工具的工具属性栏基本相同,如图 3-7 所示。

图 3-7　椭圆选框工具属性栏

该工具属性栏中的"消除锯齿"复选框,在选取矩形选框工具时呈灰色不可用状态,而选取椭圆工具创建选区时可用。在 Photoshop CS6 中处理的位图图像由像素点组成,所以在编辑修改图像时其边缘会出现锯齿现象。选中该复选框后,无论是填充还是删除选区图像,均可使图像的锯齿边缘平滑。

运用椭圆选框工具创建正圆选区,反选选区并删除选区内的图像,制作房地产广告效果图,如图 3-8 所示。

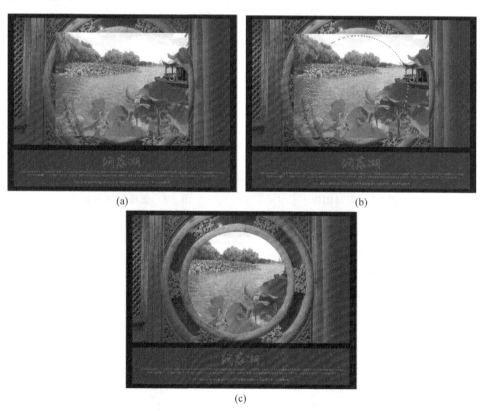

(a)　　　　(b)

(c)

图 3-8　房地产广告效果示意图

> 提示:按下 Shift 键,然后使用椭圆选框工具拖动光标,可以创建一个圆形选区,按下 Alt 键,并拖动光标可以创建以起点为中心的椭圆选区,按下 Shift+Alt 组合键并拖动,则可以创建一个以起点为中心的圆形。

单行单列选框工具

　　选取工具箱中的单行选框工具，可选择图像中水平向上 1 像素高的区域，一般用于比较细微的选择。

　　选取工具箱中的单行选框工具，在图像编辑窗口中按住鼠标左键并拖动鼠标，即可在图像上创建 1 像素高的选择区域，如图 3-9 所示。

　　单列选框工具用于选取图像中的一列像素，如图 3-10 所示。

图 3-9　创建单行选区

图 3-10　创建单列选区

🔴 **动手练习——单列效果**

　　(1) 单击"文件"→"打开"命令，打开素材图像，如图 3-11 所示。

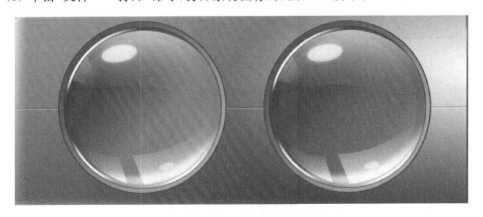

图 3-11　打开的素材图像

　　(2) 单击"编辑"→"首选项"→"参考线、网格和切片"命令，打开"首选项"对话框，调整网格间距，如图 3-12 所示。

第3章　选区的创建与编辑

62

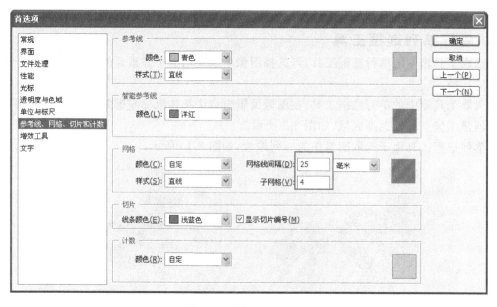

图 3-12 "首选项"对话框

（3）单击"视图"→"显示"→"网格"命令，在画面中显示网格，如图 3-13 所示。选择单列选框工具 ，在工具选项栏中按下 按钮，在网格线上单击，创建宽度为 1 像素的选区，如图 3-14 所示。

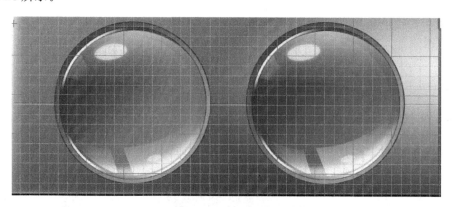

图 3-13 显示网格式

图 3-14 创建选区

（4）单击"图层"面板底部的 ⬚ 按钮，在"背景"上面新建一个图层，然后按下 Ctrl＋Delete 组合键，在选区内填充白色的前景色，按下 Ctrl＋D 组合键取消选区，单击"视图"→"显示"→"网格"命令，将网格隐藏，如图 3-15 所示。

（5）按下 Ctrl＋T 组合键显示定界框，将绘制的线条旋转一定的角度，按回车键确认，如图 3-16 所示。

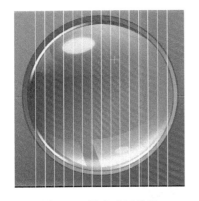
图 3-15　填充选区效果

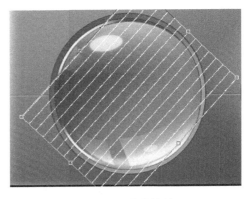
图 3-16　旋转效果

（6）运用椭圆选框工具创建正圆选区，反选选区并删除选区内的图像，如图 3-17 所示。

图 3-17　删除效果

（7）将图层模式设置为"叠加"，然后将线条层复制并移动到蓝色球上，效果如图 3-18 所示。

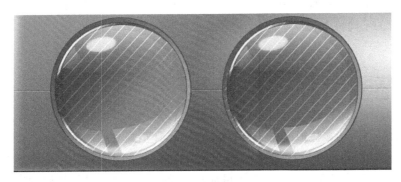
图 3-18　最终效果

3.1.2 运用套索工具创建自由选区

套索工具组中的工具主要用于创建不规则的图像区域,分别为套索工具、多边形套索工具和磁性套索工具,如图 3-19 所示。

图 3-19 套索工具组

 套索工具

套索工具对于绘制选区边框的手绘线段十分有用,可以用来选择不规则的图像区域。选取工具箱中的套索工具,其属性栏如图 3-20 所示。

图 3-20 套索工具属性栏

该工具属性栏中各主要选项的含义如下。

- "羽化"数值框:根据输入的数值,使选区内部边界和外部边界柔化。该数值决定了羽化边界的宽度(以像素为单位),输入 0 时表示不对边界进行柔化。
- "消除锯齿"复选框:该复选框在默认情况下处于选中状态,用于消除选区边缘的锯齿。

> 提示:使用套索工具创建选区的过程中,按住 Alt 键,套索工具即转换成多边形套索工具,可以当作多边形套索工具使用。

 多边形套索工具

使用多边形套索工具可以创建一些三角形、多边形和五角星等形状的选区,适用于边界多为直线或边界复杂的图像。选取工具箱中的多边形套索工具,只需在图像编辑窗口中单击图像边缘上的不同位置,系统会自动将这些点连接起来。

动手练习——多边形套索效果

(1) 按 Ctrl+O 组合键,打开一幅高立柱和广告素材图像,如图 3-21 所示。

(2) 选取工具箱的多边形套索工具,移动鼠标指针至高立柱图像处,在白色图像的左上角处单击鼠标左键,确认起始点,依次在白色图像边缘的不同位置处单击鼠标左键,当终点和起点重合时,鼠标指针呈 形状,单击鼠标左键,创建封闭的多边形选区,如图 3-22 所示。

(3) 确认广告素材图像为当前编辑窗口,单击"选择"→"全部"命令,全选图像,单击"编

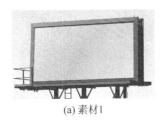
(a) 素材1

(b) 素材2

图 3-21　素材图像

辑"→"复制"命令,复制选区中的图像;确认"高立柱"为当前工作图像,单击"编辑"→"贴入"命令,贴入复制的图像,并调整其大小及位置,效果如图 3-23 所示。

图 3-22　创建多边形选区

图 3-23　最终效果

> 提示:用户在创建选区的过程中,若希望结束添加套索路径的点,可以在按 Ctrl 键的同时单击鼠标左键,或双击鼠标左键,即可创建一个选区。

 磁性套索工具

磁性套索工具适用于快速选择与背景对比强烈,并且边缘复杂的对象,其可以沿着图像的边缘生成选区。

按 Shift+L 组合键,切换到磁性套索工具,其属性栏如图 3-24 所示。

图 3-24　磁性套索工具属性栏

该工具属性栏中各主要选项的含义如下。

- "宽度"数值框:用于设置磁性套索工具指定检测的边缘宽度,其取值范围为 1~40 像素,数值越小选取的图像越精确。
- "边对比度"数值框:用于设置磁性套索工具的边缘反差,其取值范围为 1%~100%,数值越大选取的范围越精确。
- "频率"数值框:用于设置创建选区时的节点数目,即在选取时产生了多少节点。其取值范围为 0~100,数值越大产生的节点越多。
- 压力笔 ：当使用钢笔绘图板来绘制与编辑图像时,如果选择了该选项,则增大钢笔压力时将导致边缘宽度减小。

运用磁性套索工具制作电脑屏幕效果,如图 3-25 所示。

65

(a) 笔记本　　　　　　　　(b) 花　　　　　　　(c) 制作电脑屏幕效果

图 3-25　运用磁性套索工具效果

提示：在使用磁性套索工具创建选区时，如果需要切换至套索工具，可以按住 Alt 键；如果需要切换至多边形套索工具，可以按住 Alt 键并单击鼠标左键。

3.1.3　运用魔棒工具创建颜色相近的选区

在 Photoshop CS6 中，魔棒工具是一种常用的工具，使用该工具可以创建一些较特殊的选区。该工具根据颜色的相似性来选择区域。

选取工具箱中的魔棒工具，其属性栏如图 3-26 所示。

图 3-26　魔棒工具属性栏

该工具属性栏中各主要选项的含义如下。

- "容差"数值框：确定选取像素的相似点差异，取值范围为 0～255。数值越小，选取的颜色范围越接近；数值越大，选取的颜色范围越广。
- "连续"复选框：选中该复选框，在图像上单击一次，只能选中单击处相邻并且颜色相同的像素。取消选择该复选框，在图像上单击一次，即可选取图像中所有与单击处颜色相同或相近的像素。
- "对所有图层取样"复选框：选中该复选框，可以在所有可见图层上选取相近的颜色；若取消选择该复选框，则只能在当前可见图层上选取颜色。

3.1.4　运用"色彩范围"命令创建选区

使用"色彩范围"命令可根据色彩的相似程度生成选区，与魔棒工具不同的是，魔棒工具是根据采样点的周围区域图像的色彩相似程度来形成一个选区，而"色彩范围"命令是从整个图像中提取相似的色彩并形成一个选区。

动手练习——色彩范围命令

（1）单击"文件"→"打开"命令，打开一幅叶子素材图像，如图 3-27 所示。

（2）单击"选择"→"色彩范围"命令，弹出"色彩范围"对话框，如图 3-28 所示。

"色彩范围"对话框中各主要选项的含义如下。

图 3-27　素材图像

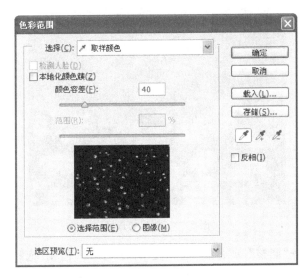

图 3-28　"色彩范围"对话框

- 选择：在该下拉列表框中可以选择颜色或色调范围，也可以选择取样颜色。
- 颜色容差：在该数值框中输入一个数值或拖曳滑块以改变数值框中的值，可以调整颜色范围。要减小选中的颜色范围，可将数值减小。
- 选区预览：在该下拉列表框中选择相应的选项，可更改选区的预览方式，选项包括无、灰度、黑色杂边、白色杂色和快速蒙版。

（3）移动鼠标指针至图像窗口或预览框中的淡黄色花蕊上（此时鼠标指针将呈吸管工具形状），单击鼠标左键，以取样颜色。

（4）单击"色彩范围"对话框中的"添加到取样"按钮，移动鼠标指针至图像编辑窗口的淡黄色花蕊上，单击鼠标左键添加取样颜色，并设置"色彩范围"对话框中的"颜色容差"值为 40，此时，"色彩范围"对话框如图 3-29 所示。

（5）单击"确定"按钮，创建如图 3-30 所示的选区。

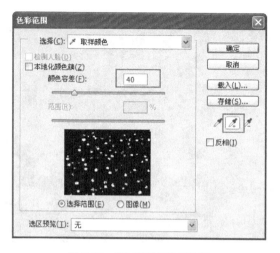

图 3-29 "色彩范围"对话框

图 3-30 创建的选区

（6）单击"图像"→"调整"→"色相/饱和度"命令，弹出"色相/饱和度"对话框，设置"色相"为-30、"饱和度"为 62、"明度"为 0，单击"确定"按钮，执行"色相/饱和度"命令，按 Ctrl＋D 组合键，取消选区，效果如图 3-31 所示。

图 3-31 图像效果

3.1.5 运用"快速蒙版"创建选区

快速蒙版模式是另一种非常有效的制作选区的方法。在快速蒙版编辑模式下,用户可以使用画笔工具和橡皮擦工具等编辑蒙版,然后将蒙版转换为选区。

双击工具箱中"以快速蒙版模式编辑"按钮 ⬚ ,弹出"快速蒙版选项"对话框,如图 3-32 所示。

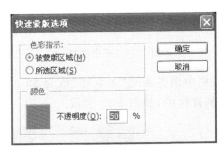

图 3-32 "快速蒙版选项"对话框

该对话框中各主要选项的含义如下。

- 被蒙版区域:选中该单选按钮,表示将在蒙版区(非选区)内显示颜色。
- 所选区域:选中该单选按钮,表示将在选区内显示颜色。
- 颜色:用于设置蒙版选区的颜色。
- 不透明度:用于设置蒙版的不透明程度。

动手练习——快速蒙版

(1) 按 Ctrl+O 组合键,打开一幅素材图像,如图 3-33 所示。

图 3-33 打开素材

(2) 单击"图层"→"新建"→"通过复制的图层"命令,复制背景图层,得到一个新图层——"图层 1"图层,单击"图层"调板中"背景"图层名称前面的"指示图层可视性"图标,隐藏"背景"图层。

(3) 单击工具箱中快速选择工具 ⬚ 选择小孩,如图 3-34 所示。

(4) 单击工具箱中的"以快速蒙版模式编辑"按钮,切换至快速蒙版编辑模式。选取工

图 3-34　选择素材

具箱中的画笔工具,在其属性栏中设置画笔"主直径"值为 30 px、"硬度"值为 0%。在人物的脚部、手部涂抹,将其添加到选区中,如图 3-35 所示。

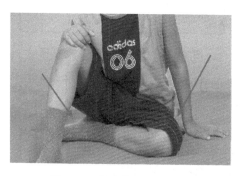

图 3-35　快速蒙版模式编辑

(5)单击工具箱中的"以标准模式编辑"按钮,切换至标准编辑模式,系统自动将被蒙版的区域转换成选区,如图 3-36 所示。

图 3-36　转换成的选区

(6)单击"图层"调板底部的"添加图层蒙版"按钮,为"背景副本"图层添加蒙版,以抠取相机素材图像,如图 3-37 所示。

(7)打开一个文件,使用移动工具将小孩拖动到该文件中,并调整其大小及位置,效果如图 3-38 所示。

图 3-37　添加图层蒙版效果

图 3-38　最终效果

3.2　选区的基本操作

在 Photoshop CS6 中,用户可以创建精确的选择区域,还可以对已有的选区进行多次修改,如移动和反向选区、存储和载入选区、取消和重新选择选区、隐藏和显示选区等。

3.2.1　移动和反向选区

使用 Photoshop CS6 处理图像时,需要对选区进行移动和反向的操作,从而使图像更加符合设计的需要。

 移动选区

移动选区有以下两种方法。

- 使用鼠标移动选区:在图像窗口中,使用椭圆选框工具创建选区,在工具属性栏中单击"新选区"按钮,然后将鼠标指针放置到选区内,待鼠标指针呈 形状时,按住鼠标左键并拖动,即可移动创建的选区,如图 3-39 所示。在移动选区时,一定要使用选择工具,如果当前工具是移动工具 ,那么移动的将是选区内的图像。

(a) 原选区

(b) 移动选区

图 3-39　移动选区

- 通过键盘移动选区:使用键盘上的 ↑、↓、← 和 → 4 个方向键可以精确地移动选区,每按一次可以移动 1 像素的距离。

> 提示:
> 移动选区时,若按 Shift+方向键组合键,可移动 10 像素的距离;若按住 Ctrl 键的同时移动选区,则移动选区内的图像。

 反向选区

当需要选择当前选区外部的图像时,可使用"反向"命令,其操作方法有以下三种。

- 命令:单击"选择"→"反向"命令。
- 快捷键:按 Ctrl+Shift+I 组合键。
- 快捷菜单:在图像窗口中的任意位置处单击鼠标右键,在弹出的快捷菜单中选择"选择反向"选项。
- 创建选区并反向后的效果如图 3-40 所示。

(a) 原选区

(b) 反选选区

图 3-40　反向选区

3.2.2 存储和载入选区

在图像处理及绘制过程中，可以对创建的选区进行保存，以便于以后的操作和运用，下面将分别进行介绍存储和载入的方法。

 存储选区

在图像编辑窗口中创建一个选区，单击"选择"→"存储选区"命令，弹出"存储选区"对话框，如图 3-41 所示，单击"确定"按钮即可。

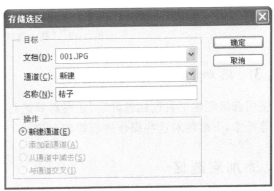

(a) 选区　　　　　　　　　　　　　　　(b) "存储选区"对话框

图 3-41　存储选区

该对话框中各主要选项的含义如下。

- 文档：该下拉列表框中显示当前打开的图像文件名称及"新建"选项。若选择"新建"选项，则新建一个图像编辑窗口来保存选区。
- 通道：用来选择保存选区内的通道。若是第一次保存选区，则只能选择"新建"选项。
- 名称：用于设置新建 Alpha 通道的名称。
- 操作：用于设置保存选区与原通道中选区的运算操作。

 载入选区

当选区被存储后，单击"选择"→"载入选区"命令，弹出"载入选区"对话框，如图 3-42 所示。

该对话框中各主要选项的含义如下。

- 文档：选取文件来源。
- 通道：选取包含要载入选区的通道。
- 反相：使非选定区域处于选中状态。
- 新建选区：添加载入的选区。
- 添加到选区：将载入的选区添加到图像现有选区中。
- 从选区中减去：在图像已有的选区中减去载入的选区，从而得到新选区。
- 与选区交叉：可以将图像中的选区和载入选区的相交部分生成新选区。

73

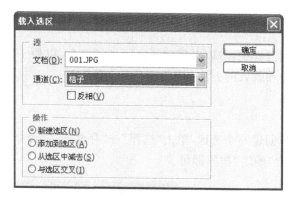

图 3-42 "载入选区"对话框

3.2.3 添加、减去与交叉选区

使用选区创建工具创建选区后,还可对其进行编辑,如添加到选区、从选区减去或选区交叉等操作,下面将对这些操作进行详细介绍。

 添加到选区

进行范围选择时,常常会进行增加选区的设置。

添加到选区有以下两种方法。

* 按钮:选取工具箱中的椭圆选框工具,在图像上按住鼠标左键并拖动,绘制圆形选区,在工具属性栏中单击"添加到选区"按钮 ,绘制另一个椭圆选区,效果如图 3-43 所示。

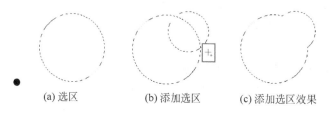

   (a) 选区   (b) 添加选区   (c) 添加选区效果

图 3-43 添加到选区

* 快捷键:当图像编辑窗口中存在选区时,选取工具箱中的选区创建工具,按 Shift 键的同时拖曳鼠标以创建选区,可增加选区。

 从选区减去

在对选区进行设置时,有时选择的范围并不准确,这时可以减少选区范围的选择。

从选区减去有以下两种方法。

* 按钮:选取工具箱中的椭圆选框工具,在工具属性栏中单击"从选区减去"按钮 ,鼠标指针呈 形状,在圆形选的基础上绘制圆形选区,即可从选区中减去选区,如图 3-44 所示。
* 快捷键:当图像编辑窗口中存在选区时,选取工具箱中的选区创建工具,按住 Alt 键

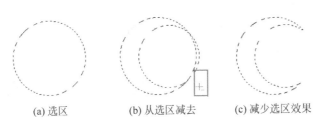

(a) 选区   (b) 从选区减去   (c) 减少选区效果

图 3-44   从选区减去

的同时拖曳鼠标,可减少选区。

 与选区交叉

与选区交叉有以下两种方法。

- **按钮**:选取工具箱中的矩形选框工具,在工具属性栏中单击"与选区交叉"按钮 ,鼠标指针呈 形状,在圆形选区的基础上绘制矩形选区,即可得交叉选区,如图 3-45 所示。

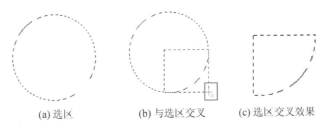

(a) 选区   (b) 与选区交叉   (c) 选区交叉效果

图 3-45   与选区交叉

- **快捷键**:当图像编辑窗口中存在选区时,选取工具箱中的选区创建工具,按住 Shift+Alt 键拖曳鼠标以创建选区,即可得交叉选区。

3.3   修改选择区域

在当前文件中创建选择区域以后,有时为了作图的精确性,要对已创建的选择区域进行修改,使之更符合作图要求。下面介绍对选择区域进行修改的一些方法和命令。

3.3.1   羽化选区

羽化是图像处理中经常用到的操作。羽化效果可以在选区和背景之间建立一条模糊的过渡边缘,使选区产生"晕开"的效果。过渡边缘的宽度即为"羽化半径",以"像素"为单位。

设置羽化半径有以下三种方法。

- **命令**:单击"选择"→"修改"→"羽化"命令。
- **快捷键**:按 Alt+Ctrl+D 组合键。
- **属性栏**:在选区工具属性栏中设置"羽化"数值。

🔘 动手练习——羽化选区

（1）按 Ctrl＋O 组合键，打开人物素材图像和玉素材图像，如图 3-46 所示。

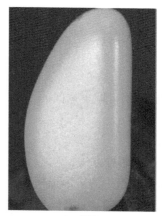

(a) 素材1 　　　　　(b) 素材2

图 3-46　素材图像

（2）选取工具箱中的椭圆选框工具，移动鼠标指针到人物图像窗口中，按住鼠标左键并拖动，创建一个椭圆选区，如图 3-47 所示。

（3）单击"选择"→"修改"→"羽化"命令，弹出"羽化选区"对话框，设置"羽化半径"值为 40 像素，如图 3-48 所示。单击"确定"按钮，羽化选区。

图 3-47　创建椭圆选区　　　　图 3-48　"羽化选区"对话框

（4）单击"编辑"→"复制"命令，复制选区内的图像。确认玉素材图像为当前图像，按 Ctrl＋V 组合键粘贴图像，并调整图像的大小及位置，效果如图 3-49 所示，然后将图层模式设置为"正片叠底"，效果如图 3-49 所示。

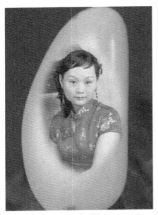
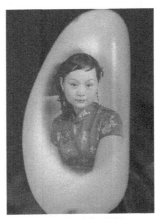

(a) 原效果　　　　　　　　(b) 设置图层后效果

图 3-49　图像效果

3.3.2　扩展或收缩选区

若用户对创建的选区不满意,可以用扩展或收缩命令调整选区。

 扩展

使用"扩展"命令,可以扩大当前选择区域,"扩展量"数值越大,选择区域的扩展量越大。单击"选择"→"修改"→"扩展"命令,弹出"扩展选区"对话框,在该对话框中设置"扩展量"值为 10 像素,单击"确定"按钮,即可对选区进行扩展,如图 3-50 所示。

(a) 原图　　　　　　　　(b) 扩展选区后效果

图 3-50　原选区与扩展后的选区

 收缩

使用"收缩"命令,可以将当前选区缩小,"收缩量"数值越大,选择区域的收缩量越大。单击"选择"→"修改"→"收缩"命令,弹出"收缩选区"对话框,在该对话框中设置"扩展量"值为 40 像素,单击"确定"按钮,即可对选区进行收缩,如图 3-51 所示。

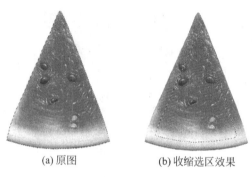

(a)原图　　　　　　　(b)收缩选区效果

图 3-51　原选区与收缩后的选区

动手练习——收缩选区

(1) 按 Ctrl＋O 组合键,打开素材文件,如图 3-52 所示。

图 3-52　打开素材

(2) 单击"图层"调板中的"创建新图层"按钮 ,新建"图层 1"。选择椭圆选框工具 ,按下 Shift 键并拖动鼠标绘制圆,如图 3-53 所示。

图 3-53　绘制圆形

(3) 单击"选择"→"变换选区"命令,选区边缘会出现自由变形框,变换选区如图 3-54 所示。

(4) 按回车键确认变换,然后将前景色设置为浅蓝色(♯2266a7),选择油漆桶工具 ,并单击选区,将其填充为浅蓝色,效果如图 3-55 所示。

(5) 单击"选择"→"修改"→"收缩"命令,弹出"收缩选区"对话框,在该对话框中设置"扩展量"值为 10 像素,单击"确定"按钮,即可对选区进行收缩,如图 3-56 所示。

图 3-54　变换选区

图 3-55　填充选区

图 3-56　收缩选区

（6）将选区向左移动一定距离，然后删除选区内容，效果如图 3-57 所示。

图 3-57　最终效果

3.3.3　边界和平滑选区

使用"边界"命令可以在选区边缘新建一个选区，而使用"平滑"命令可以使选区边缘平滑。一般通过"边界"和"平滑"命令使图像中的选区的边缘更加完美。

边界

使用"边界"命令，可以修改选择区域边缘的像素宽度，执行该命令后，选择区域只有虚线包含的边缘轮廓部分，不包括选择区域中的其他部分。

单击"选择"→"修改"→"边界"命令，弹出"边界选区"对话框，在该对话框中设置"宽度"值为 25 像素，单击"确定"按钮，即可执行"边界"命令，如图 3-58 所示。

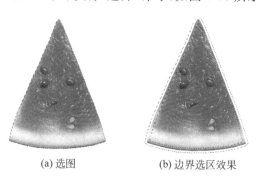

(a) 选图   (b) 边界选区效果

图 3-58 原选区与边界选区

平滑

"平滑"命令用于平滑选区的尖角和去除锯齿。单击"选择"→"修改"→"平滑"命令，弹出"平滑选区"对话框，在该对话框中设置"取样半径"值为 100 像素，单击"确定"按钮，即可对选区进行平滑，如图 3-59 所示。

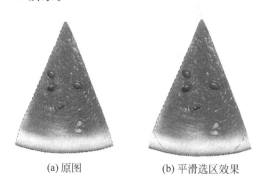

(a) 原图   (b) 平滑选区效果

图 3-59 原选区与平滑选区

3.3.4 基于颜色扩大选区

"扩大选取"命令可以根据已经存在的选区中的颜色和相似程度扩大选区，而"选取相似"命令是根据图像中相互不连续但色彩相近的像素扩充至已经存在的选区内，并不仅限于相邻的区域。

扩大选区

使用"扩大选取"命令,可以根据当前选区中的颜色和相似程度扩大选区,其选取颜色的近似程度由魔棒工具属性栏中的"容差"值来决定,如图 3-60 所示。

(a)原图 　　　　　　　　　　　　　　(b)扩大选区效果

图 3-60　原选区与扩大后的选区

 选取相似

使用"选取相似"命令,可以选择包含整个图像中位于容差范围内的像素,而不只是相邻的像素,如图 3-61 所示。

(a)原图 　　　　　　　　　　　　　　(b)选取相似效果

图 3-61　原选区与执行"选取相似"命令后的选区

3.3.5　变换选区

创建一个图像选区后,单击"选择"→"变换选区"命令,选区边缘会出现自由变形框,用户可以拖动该变形框上的 8 个控制柄,对选区进行任意变换,如图 3-62 所示。

(a)原图 　　　　　　　　(b)变换选区 　　　　　　　(c)变换选区效果

图 3-62　变换选区

3.4 实 例 演 练

图案设计制作

本案例主要进行圆和圆环绘制,通过其学习填充、描边命令的运用,制作效果如图3-63所示。

图3-63　图案设计效果图

制作步骤:

(1)启动Photoshop CS6程序,选择"文件"→"新建"命令,在打开的"新建"对话框中设置"名称"为"图案"、"宽度"为500像素、"高度"为250像素、"分辨率"为72像素/英寸、"颜色模式"为"RGB颜色"、"背景内容"为白色,如图3-64所示。设置完成后单击"确定"按钮,创建一个新文件。

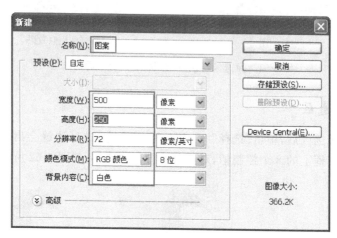

图3-64　新建文件

> 提示:根据印刷制版要求,颜色模式应为CMYK。但因为在CMYK颜色模式下,很多滤镜功能不能使用,所以一般采取在RGB模式下编辑图像,制作完成后再将颜色模式转换成CMYK。

(2)按Ctrl+R组合键显示出标尺。在窗口中拖曳出十字叉形的辅助线,如图3-65所示。

(3)单击"图层"调板中的"创建新图层"按钮 ⬚,新建"图层1"。选择椭圆选框工具，按下 Shift＋Alt 组合键并拖动鼠标，以步骤（2）中十字叉形的辅助线的交点为中心点绘制圆形选区，如图 3-66 所示。

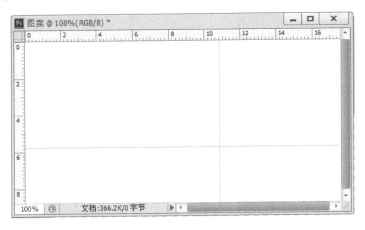

图 3-65　辅助线

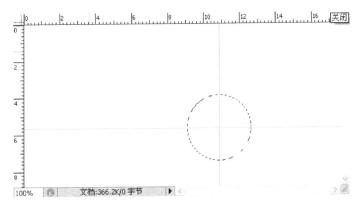

图 3-66　绘制圆形选区

提示：按下 Shift 键，然后使用椭圆选框工具拖动光标，可以创建一个圆形选区，按下 Alt 键，并拖动光标可以创建以起点为中心的椭圆选区，按下 Shift＋Alt 组合键并拖动，则可以创建一个以起点为中心的圆形。

（4）将前景色设置为浅蓝色（♯b6d45a），选择油漆桶工具 ，并单击选区，将其填充为浅蓝色，效果如图 3-67 所示。

图 3-67　填充浅蓝色效果

（5）用同样的方法，在视图中绘制圆形选区，并将前景色设置为草绿色（♯7abb45），选择"编辑"→"描边"命令，在打开的"描边"对话框中设置"宽度"为8（如图3-68所示），单击"确定"按钮，效果如图3-69所示。

图 3-68　描边对话框

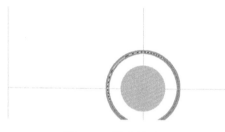

图 3-69　描边效果图

（6）用同样的方法制作另一个圆环，设置描边颜色为浅草绿色（♯89c443），效果如图3-70所示。

图 3-70　描边效果

（7）单击"图层"调板中的"创建新图层"按钮 ，新建"图层2"。选择椭圆选框工具 ，在视图窗口中绘制圆形选区，并设置填充颜色为深绿色（♯446a31），效果如图3-71所示。

（8）用同样的方法绘制圆形，如图3-72所示，然后将该圆"图层3"调整到"图层1"下面，如图3-73所示，按Ctrl＋D组合键取消选取，效果如图3-74所示。

提示：通过调整图层次序，改变图形的显示效果。

图 3-71　填充效果

图 3-72　绘制圆形

图 3-73　调整图层

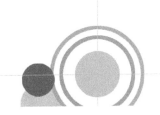

图 3-74　取消选区效果

（9）以同样的方法制作其他圆形、圆环，并注意调整其图层关系，效果如图 3-75 所示。

图 3-75　效果图

（10）单击"文件"→"打开"命令，打开素材图像，如图 3-76 所示。

图 3-76　素材图像

（11）选取工具箱中的裁剪工具，或者按 C 键，在图像中按住鼠标左键并拖动，得到一个裁剪范围，此时裁剪范围外部的图像将变暗，如图 3-77 所示。

（12）双击鼠标左键或按 Enter 键，即可裁去控制框以外的图像，如图 3-78 所示。

图 3-77　裁剪

图 3-78　裁剪效果图

（13）选择魔棒工具 ，单击图形外侧白色部分，创建如图 3-79 所示的选区。

图 3-79　创建选区

（14）选择多边形套索工具 ，按住 Shift 键选择图形旁的文字部分，将其选区减去，如图 3-80 所示。

图 3-80　减小选区

（15）选择多边形套索工具 ，按住 Alt 键选择图形边的少选部分，将其选区增加，如图 3-81 所示。

图 3-81　增加选区

（16）单击"选择"→"反向"命令，反选选区，将其拖曳至前面制作好的图案中，调整大小及位置，最终效果如图 3-63 所示。

3.5　思考与练习

1. 填空题

（1）使用＿＿＿＿＿＿工具可以创建三角形、多边形、五角星等形状的选区，适用于边界多为直线或边界复杂的图像。

（2）＿＿＿＿＿＿命令可根据色彩的相似程度生成选区。与魔棒工具不同，魔棒工具是根据采样点的周围区域图像色彩相似程度来形成一个选区，而＿＿＿＿＿＿命令是从整个图像中提取相似的色彩并形成一个选区。

（3）按＿＿＿＿＿＿组合键，可以反向选区。

2. 简答题

(1) 创建选区有哪几种方法？

(2) "扩大选取"与"选取相似"命令有哪些不同点？

(3) 变换选区有哪几种方式？分别产生怎样的效果？

3. 上机练习

(1) 使用选择工具，将如图 3-82 所示的图像，制作成如图 3-83 所示的图像效果。

图 3-82　素材图像

图 3-83　效果图

（2）使用"色彩范围"命令和磁性套索工具，对人物的衣服和头发进行魔幻换色，如图 3-84 所示。

(a) 原图　　　　　　　　(b) 换色后

图 3-84　魔幻换色

第4章 绘图与修图工具

本章导读

Photoshop 提供了丰富的绘图与修图工具,每种工具都有独特之处,只有扎实地掌握它们的使用方法和技巧,才能在图像中大做文章。

学习重点

✓ 修图工具。

✓ 绘图工具。

4.1 选取颜色

在编辑图像时,其操作结果与前景色和背景色有着非常密切的关系,例如使用画笔、铅笔及油漆桶等工具在图像窗口进行绘画时,使用的是前景色;在使用橡皮工具擦除图像窗口中的背景图层时,则使用背景色填充被擦除的区域。

4.1.1 运用颜色工具

工具箱中有一个前景色和背景色的设置工具,用户可通过该工具来设置当前使用的前景色和背景色,如图 4-1 所示。

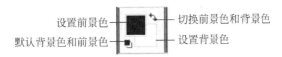

图 4-1　前景色与背景色颜色设置区

默认前景色为黑色,背景色为白色。而在 Alpha 通道中,默认的前景色是白色,背景色是黑色。

颜色设置区中各图标的含义如下。

- 设置前景色/背景色:单击相应的图标,将弹出"拾色器"对话框,选取一种颜色,可更改图像的前景色/背景色。
- 切换前景色和背景色:单击该按钮,可以将当前的前景色和背景色互换。
- 默认前景色和背景色:单击该按钮,可以将当前的前景色和背景色恢复默认的黑色和白色。

> 提示:
> 按 D 键,可将前景色与背景色恢复为默认的颜色设置。
> 按 X 键,可将设置好的前景色与背景色相互切换。

4.1.2 运用拾色器

通过"拾色器"对话框,可以设置前景色、背景色和文本颜色。在 Photoshop CS6 中,还可以使用拾色器在某些颜色和色调调整命令中设置目标颜色,在渐变编辑器中设置终止色;在照片滤镜中设置滤镜颜色;在填充图层、某些图层样式和形状图层中设置颜色。

单击工具箱或者"颜色"调板中的"设置前景色"或"设置背景色"图标,即可弹出"拾色器"对话框,如图 4-2 所示。

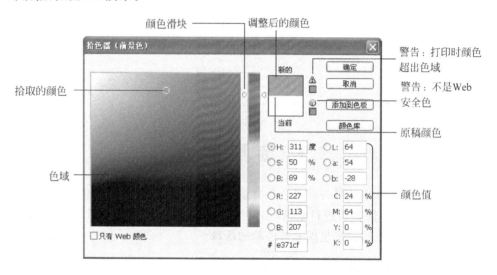

图 4-2　"拾色器"对话框

该对话框中各主要选项的含义如下。

- "原稿颜色"和"调整后的颜色":颜色滑块的右侧有一块显示颜色的区域,分为上下两个部分,上半部分显示的是当前选择的颜色,下半部分显示的是原稿的前景色或者背景色。

- "警告:打印时颜色超出色域"警告按钮 ⚠ :显示该按钮,表示当前选择的颜色超过了打印机能够识别的范围,按钮下方的颜色块中会显示出与当前选择颜色最接近的 CMYK 模式颜色。单击该按钮,即可选定颜色块中的颜色。

- "警告:不是 Web 安全色"警告按钮 ⓞ :显示该按钮,表示当前所选颜色超过了 Web 的颜色范围,按钮下方的颜色块会显示出与当前选择颜色最接近的 Web 颜色。同样,单击该按钮,可将当前选择的颜色换成颜色块中的颜色。

- "只有 Web 颜色"复选框:选中该复选框,可以将选取颜色的范围限制在 216 种 Web 颜色的范围以内(也就是适于网页),如图 4-3 所示。

- "颜色库"按钮:单击"颜色库"按钮,弹出"颜色库"对话框,在其中可以进行颜色的选取。在"色库"下拉列表框中可以选择用于印刷的颜色。

在拾色器中选取颜色有以下 4 种方法。

- 在色域中所需的颜色上单击鼠标左键。

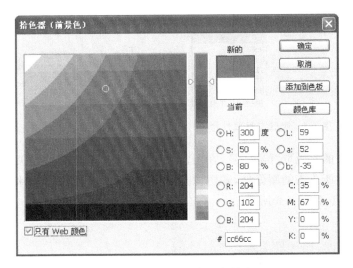

图 4-3　显示 Web 颜色的色域窗口

- 对话框的右下方有 HSB、RGB 和 Lab 3 种颜色模式的 9 种颜色分量单选按钮。选中其中一个单选按钮，色域中就会出现不同的颜色。在其中单击鼠标左键，并配合调节颜色的滑块可以选出多种颜色。
- 在 HSB、RGB、Lab 和 CMYK 4 种颜色模式的颜色分量数值框中输入相应的数值或者百分比，可以完成选取颜色的操作。
- 对话框的右下方有一个带有 # 标志的数值框。在使用上面两种方法选取颜色时，每选取一种颜色数值框中的数值就会发生相应的改变，所以可以在此数值框中直接输入一个十六进制值，如 000000 是黑色、ffffff 是白色、ff0000 是红色。色域中所显示出来的所有颜色都可以用 6 位十六进制数值表示。

4.1.3　运用吸管工具从图像中获取

在处理图像时，可能经常需要从图像中获取颜色，例如，要修补图像中某个区域的颜色，通常要从该区域附近找出相近的颜色，然后再用该颜色处理被修补处，此时用吸管工具会很方便，其属性栏如图 4-4 所示。

该工具属性栏中的"取样大小"下拉列表框用于设置取样点的大小，其中各选项的含义如下。

- 取样点：该选项为系统的默认设置。选中它表示选取颜色精确至 1 像素，单击位置的像素颜色即可定为当前选取的颜色。
- 3×3 平均：选中该选项表示以 3×3 像素的平均值来确定选取的颜色。其他各项均为类似设置，这里不再累述。

为了便于用户了解某些点的颜色数值，方便颜色设置，Photoshop CS6 还提供了一个颜色取样器工具，如图 4-5 所示。用户可以使用该工具查看图像中若干关键点的颜色值，以便在调整颜色时参考。

图 4-4　吸管工具属性栏　　　　　　图 4-5　颜色取样器工具

选取工具箱中的颜色取样器工具,在图像中单击所要查看颜色值的关键点,此时将以取样点的形式显示在所单击的图像处,若图像是 RGB 模式,"信息"调板中将显示其相应点的 R、G、B 的参考数值,如图 4-6 所示。

(a) 图像　　　　　　　　　　　　(b) 信息调板

图 4-6　使用颜色取样器工具进行颜色取样

> 提示:
> 　使用颜色取样器工具进行颜色取样时,取样点不得超过 4 个;要移动取样点位置,只需将鼠标指针移至取样点上并拖曳鼠标,此时用户可通过"信息"调板,浏览鼠标指针所经过的区域的颜色变化;要删除取样点,可在按住 Alt 键的同时单击取样点,或直接将其拖出图像窗口。

4.1.4　运用"颜色"调板

使用"颜色"调板,可以使用几种不同颜色模型来编辑前景色和背景色。

单击"窗口"→"颜色"命令或按 F6 键,弹出"颜色"调板,如图 4-7 所示。

使用"颜色"调板设置颜色有以下 4 种方法。

- 在"颜色"调板中,单击"设置前景色"或者"设置背景色"图标,弹出"拾色器"对话框,在其中可进行颜色的选取。
- 拖动颜色分量滑动杆上的滑块可以调节颜色的深度。

- 在数值框中输入有效数值可以调节颜色的深度。
- 将鼠标指针移动到四色曲线图上，单击其中的一种颜色可以作为前景色；或在按住
  Alt 键的同时单击曲线图中的一种颜色，则可选取该颜色作为背景色。

单击"颜色"调板右上角的三角形按钮，弹出调板菜单（如图 4-8 所示），用户可以在其中
选择其他设置颜色的方式及颜色样板条类型。

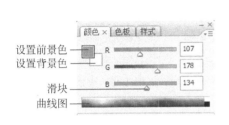

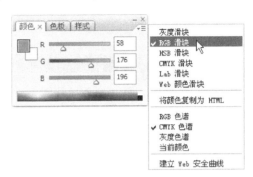

图 4-7　"颜色"调板　　　　　　　　　　　图 4-8　"颜色"调板菜单

4.1.5　运用"色板"调板

为了便于快速选择颜色，系统还提供了"色板"调板。该调板中的颜色都是系统预先设
置好的，用户可直接在其中选取而不用自己配制，还可调整"色板"调板中的颜色。

打开"色板"调板有以下两种方法。
- 命令：单击"窗口"→"色板"命令。
- 快捷键：按 F6 键。

使用以上任意一种方法，都将弹出"色板"调板，如图 4-9 所示。

📖 更改色板的显示方式

单击"色板"调板右上角的三角形按钮，弹出调板菜单，在其中选择"小缩览图"选项，可以
显示色板的缩览图；选择"小列表"选项，可以显示每个色板的名称和缩览图，如图 4-10 所示。

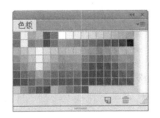

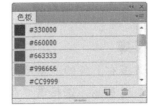

图 4-9　"色板"调板　　　　　图 4-10　显示色板及其名称

（1）在色板中选择颜色

在色板中选择颜色有以下两种方法。
- 用鼠标单击：移动鼠标指针到调板中的色板方格上（此时鼠标指针呈 🖋 形状），单
  击鼠标左键（此时鼠标指针呈 ⌖ 形状），即可完成前景色的选取。

93

• 快捷键：按住 Ctrl 键的同时在色板方格上单击鼠标左键，即可完成背景色的选取。

（2）添加色板

将鼠标指针移到"色板"调板中的空白处，当鼠标指针呈 ⟨ 形状时单击鼠标左键，弹出"色板名称"对话框，如图 4-11 所示。在"名称"文本框中输入颜色的名称，单击"确定"按钮，即可将当前前景色添加到"色板"调板中，如图 4-12 所示。

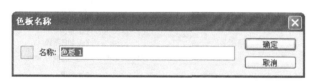

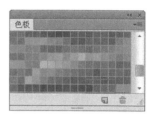

| 图 4-11　"色板名称"对话框 | 图 4-12　添加的色板 |

提示：

在"色板"调板中选择一个色块，按住 Alt 键并将其拖动到"色板"调板底部的"创建前景色的新色板"按钮上，弹出"色板名称"对话框，设置相应的选项，单击"确定"按钮，可复制选择的色块。

 删除色板

删除色板有以下两种方法。

• 按钮：在"色板"调板中选择需要删除的色板，按住鼠标左键不放，待鼠标指针呈 ⟨⟨⟩ 形状时，将其拖动到"色板"调板底部的"删除色板"按钮 🗑 上，即可删除色板。

• 快捷键：按住 Alt 键，鼠标指针呈成剪刀形状 ✂，此时单击调板中的色块，即可删除色板。

 复位色板

如果想要恢复系统默认的色板设置，可单击"色板"调板右上角的三角形按钮，弹出调板菜单，选择"复位色板"选项，将弹出提示信息框。单击"确定"按钮，即可完成"色板"调板的恢复。

 载入色板库

单击"色板"调板右上角的三角形按钮，弹出调板菜单，选择"载入色板"选项，弹出"载入"对话框，如图 4-13 所示。选择需要载入的色板库，单击"载入"按钮，即可将选择的色板库载入"色板"调板中。

 将一组色板存储为库

单击"色板"调板右上角的三角形按钮，弹出调板菜单，选择"存储色板"选项，弹出"存储"对话框，如图 4-14 所示。选择保存色板库的路径，并在"文件名"文本框中输入文件名，单击"保存"按钮即可。

图 4-13 "载入"对话框

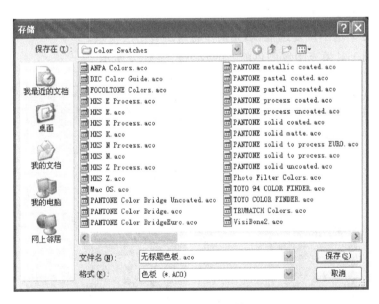

图 4-14 "存储"对话框

4.2 填 充 颜 色

在 Photoshop CS6 中,填充图像颜色的方法有多种,如运用油漆桶工具填充单色、运用渐变工具填充渐变色、运用"填充"命令和快捷键填充颜色等,下面将分别进行详细的介绍。

4.2.1 运用油漆桶工具

运用油漆桶工具,可以用前景色或图案快速填充图像中由颜色相近的像素组成的区域。填充的区域大小取决于邻近的像素颜色与填充起点像素颜色的相似程度,其属性栏如图 4-15 所示。

图 4-15 油漆桶工具属性栏

该工具属性栏中各主要选项的含义如下。

- 设置填充区域的源:在该下拉列表框中,可以选择用"前景"或"图案"进行填充。
- 模式:在该下拉列表框中,可以设置填充图像与原图像的混合模式。
- 不透明度:设置填充颜色或图案的不透明程度。
- 容差:该数值框可以设置填充像素的颜色范围,取值范围为 0~255 的整数。设置高容差则可填充更大范围内的像素,设置低容差则填充与所单击像素非常相似的像素。
- 消除锯齿:选中该复选框,可以通过淡化边缘以产生与背景颜色之间的过渡,从而平滑锯齿边缘。
- 连续的:选中该复选框,仅填充与填充起点像素邻近的像素,否则,将填充图像中所有与起点像素相似的像素。
- 所有图层:选中该复选框,填充操作将对所有图层生效。

运用油漆桶工具填充图像颜色前后的效果如图 4-16 所示。

(a) 原图   (b) 填充效果

图 4-16 填充图像颜色前后的效果

96

4.2.2 运用渐变工具

利用渐变工具 可以快速制作渐变颜色。所谓渐变颜色,就是指在图像的某一区域填入的具有多种过渡颜色的混合色。其中,混合色可以是前景色到背景色的过渡,也可以是背景色到前景色的过渡,亦或其他颜色之间的过渡。

渐变工具属性栏

在工具箱中选择渐变工具即可打开其属性栏,如图 4-17 所示。用户可以从中设置渐变样式、渐变类型、色彩混合模式和不透明度等参数。

图 4-17　渐变工具属性栏

该属性栏中的渐变方式按钮组 从左至右依次为"线性渐变"按钮 、"径向渐变"按钮 、"角度渐变"按钮 、"对称渐变"按钮 和"菱形渐变"按钮 ,其效果分别如图 4-18 所示。图 4-18 中的箭头指明了制作渐变颜色时的操作方向、起点和终点。

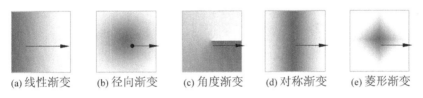

(a) 线性渐变　(b) 径向渐变　(c) 角度渐变　(d) 对称渐变　(e) 菱形渐变

图 4-18　渐变方式效果

> 提示:
> 如果制作渐变图案时未创建选区,则在整幅图像中产生渐变效果,否则将只填充选区。
> 若在拖动鼠标的同时按下 Shift 键,则可按 45°角、水平或垂直方向产生渐变颜色。另外,拖动的距离越长,渐变颜色越显著。

编辑渐变颜色

除了可以选用 Photoshop 提供的渐变颜色外,用户还可以根据需要编辑渐变颜色,下面通过一个实例来介绍编辑渐变颜色的方法。

 动手练习——渐变效果

(1) 单击"文件"→"打开"命令,打开素材图像,如图 4-19 所示。

（2）按 F7 键打开"图层"调板，单击"背景"图层将其设置为当前图层，如图 4-20 所示。

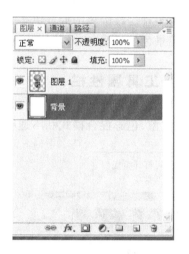

图 4-19　打开的素材图片　　　　　　　　图 4-20　"图层"调板

（3）选择渐变工具 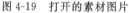，单击其属性栏中的"点按可编辑渐变"按钮 ，打开"渐变编辑器"窗口，其中部分选项含义如图 4-21 所示。设计第 1 标点颜色值为＃ff18d00、第 2 标点颜色值为＃e35403、第 3 标点颜色值为＃cd1a0b、第 4 标点颜色值为＃c8000c，如图 4-22 所示。

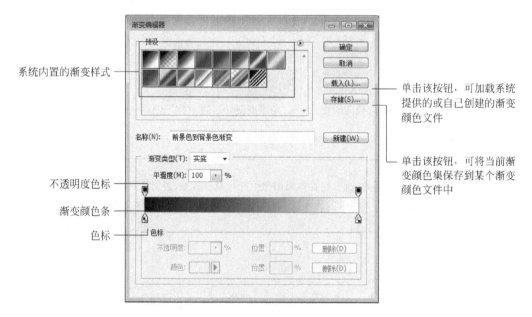

图 4-21　"渐变编辑器"窗口

（4）再单击其属性栏中的"径向渐变"按钮 ，设置好渐变属性后，将鼠标指针移至图像窗口的中央，并向外围拖动鼠标，绘制出如图 4-23 所示的渐变颜色。

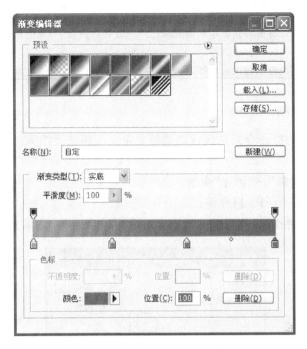

图 4-22　设置预设渐变颜色

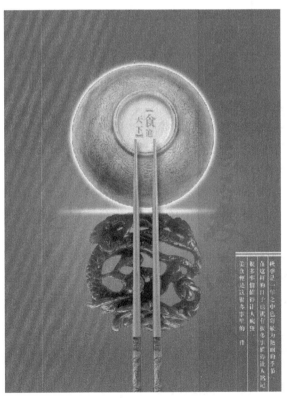

图 4-23　添加渐变色背景

提示：

如果要添加色标,只需将鼠标指针移至渐变颜色条下方的空白处,当鼠标指针呈 🖑 形状时,单击鼠标左键即可添加色标。

要删除色标,只需将该色标拖出对话框,或者选中色标后单击"删除"按钮即可。

4.2.3 运用"填充"命令

用户可以运用"填充"命令对选区或图像填充定义的颜色及图案。执行"填充"命令的方法有以下两种。

- 命令：单击"编辑"→"填充"命令。
- 快捷键：按 Shift＋F5 组合键。

使用以上任意一种操作,均可弹出"填充"对话框,如图 4-24 所示。

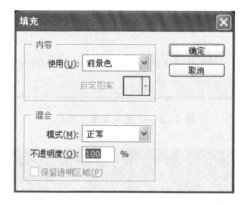

图 4-24 "填充"对话框

该对话框中各主要选项的含义分别如下。

- 使用：在该下拉列表框中可以选择所需的颜色,如前景色、背景色、黑色、50％灰色和白色,也可以选择颜色或图案以及历史记录。选择"颜色"选项可以从"选取一种颜色"对话框中选择颜色,然后对图像进行填充；选择"图案"选项可使用图案填充选区,单击"自定图案"下拉按钮,弹出"图案"调板,在其中可选择所需要的图案；选择"历史记录"选项,可以将选定区域恢复为在"历史记录"调板中设置为源的状态或图像快照。
- 混合：在该选项区中可以设置所需的填充混合模式和不透明度。
- 保留透明区域：对图层进行颜色填充时,可以保留透明的部分不填充颜色。该复选框只有在对透明的图层进行填充时才有效。

🔘 动手练习——填充效果

使用"定义图案"命令可以将图层或选区中的图像定义为图案。定义图案后,可以用"填充"命令将图案填充到整个图层区域或选区中。

(1) 单击"文件"→"打开"命令,打开素材图像,使用"矩形选框"工具 ⬚ 选中球星,如图 4-25 所示。

图 4-25　素材图像

（2）单击"编辑"→"定义图案"命令，打开"图案名称"对话框输入图案名称，如图 4-26 所示，单击"确定"按钮，将选中的球星创建为自定义图案。

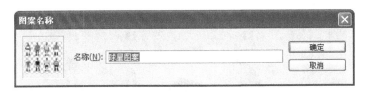

图 4-26　"图案名称"对话框

（3）按 Delete 键删除第一步选择图像，然后按 Ctrl＋D 组合键取消选区，最后单击"编辑"→"填充"命令，打开"填充"对话框，在"使用"选项下拉列表中选择"图案"，在"自定图案"下拉列表中选择前面新建的图案，如图 4-27 所示，单击"确定"按钮填充图案，如图 4-28 所示。

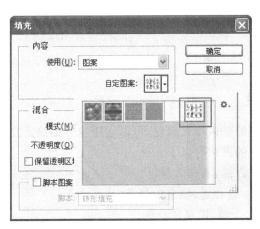

图 4-27　"填充"对话框

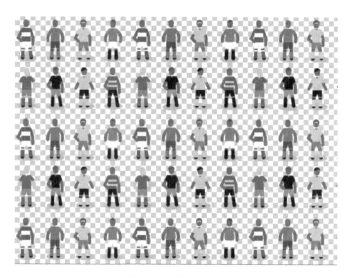

图 4-28　填充效果

（4）打开素材文件，用移动工具将足球和文字拖入图案文档中，效果如图 4-29 所示。

图 4-29　加入足球和文字的效果

4.2.4　使用快捷键

要对当前图层或创建的选区填充颜色，可以运用快捷键快速完成填充颜色操作。
使用快捷键填充颜色的方法有以下 4 种。

- 按 Alt＋Delete 组合键，填充前景色。
- 按 Alt＋Backspace 组合键，填充前景色。
- 按 Ctrl＋Delete 组合键，填充背景色。
- 按 Ctrl＋Backspace 组合键，填充背景色。

4.3 绘画工具

熟练运用工具箱中的绘画工具是学习 Photoshop CS6 的一个重要环节,只有熟练掌握了各种绘画修饰工具的操作技巧,才能在图像编辑处理中做到游刃有余。

4.3.1 画笔的设置

在 Photoshop CS6 中,用户可以选择系统自带的画笔或将图案定义成画笔,还可以加载、保存和删除画笔。

 选择画笔

要选择画笔,可以单击绘图工具属性栏中的"画笔"下拉按钮,在打开的下拉面板中选择合适的画笔。

画笔在其下拉面板中默认以"描边缩览图"形式显示。通过单击画笔下拉面板右上角的
按钮,然后在弹出的控制菜单中选择"纯文本"、"小缩览图"、"大缩览图"、"小列表"、"大列表"或"描边缩览图"选项,来改变画笔样式列表的显示方式,如图 4-30 所示。

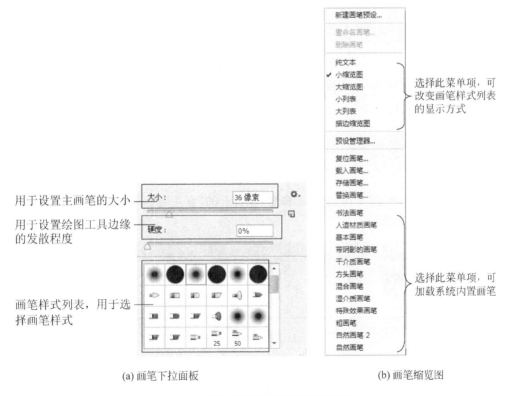

(a) 画笔下拉面板   (b) 画笔缩览图

图 4-30 "画笔"下拉面板和控制菜单

> 提示：
> * 默认状态下，Photoshop 提供的画笔可分为两大类，一类为没有发散效果的硬边画笔，一类为具有发散效果的软边画笔。
> * 对于铅笔工具 而言，不能选择软边画笔。

自定义、保存与加载画笔

在 Photoshop CS6 中，用户可以将任意形状的选区图像定义为画笔。自定义画笔中只保存了图形信息，而不能保存其色彩信息，因此，自定义画笔均为灰度图。

动手练习——自定义画笔效果

（1）单击"文件"→"打开"命令，打开素材图片，然后用魔棒工具 创建选区，如图 4-31 所示。

图 4-31 打开素材图片并创建选区

（2）选择"编辑"→"定义画笔预设"命令，在打开的"画笔名称"对话框中输入名称，单击"确定"按钮，如图 4-32 所示。

图 4-32 "画笔名称"对话框

（3）选择画笔工具 ✐（橡皮工具、修复画笔工具等都可以），单击"画笔"下拉按钮，打开"画笔"下拉面板，在画笔列表的最下方即可看到前面自定义的画笔，如图 4-33 所示。

（4）选择前面定义的画笔，根据需要调整画笔的颜色或主直径，然后进行绘画，效果如图 4-34 所示。

图 4-33 自定义画笔   图 4-34 利用自定义画笔进行绘画

（5）如果希望将创建的画笔保存起来，可以先选中该画笔，然后单击"画笔"下拉面板右上角的 ⚙. 按钮，在弹出的控制菜单中选择"存储画笔"，打开"存储"对话框，如图 4-35 所示。在该对话框中输入画笔的名称，单击"保存"按钮，即可保存画笔。

图 4-35 "存储"对话框

加载画笔的具体操作步骤如下。

（1）打开"画笔"下拉面板，单击其右上角的 ⚙. 按钮，打开画笔控制菜单。

（2）在控制菜单中选择"载入画笔"选项或直接选取菜单下方相应的画笔文件，即可加载画笔。

提示：
- 画笔文件的扩展名为 *.abr。Photoshop CS6 中用于保存画笔文件的目录为"Program Files/Adobe/Photoshop CS6/预置/画笔"。
- 如果在画笔控制菜单中选择"替换画笔"选项，则可用加载的画笔替换当前画笔列表中的内容。
- 如果在画笔控制菜单中选择"复位画笔"选项，则将恢复系统默认的画笔设置。

第4章 绘图与修图工具

4.3.2　画笔特性的设置

如前所述,要设置所选画笔的直径,只需简单地在"画笔"下拉面板中调整画笔的主直径即可。但是,要调整画笔的旋转角度、圆度、硬度以及间距,或者设置画笔的形状动态、发散、纹理填充或颜色动态等特性,就必须借助"画笔"调板了。

要打开"画笔"调板,可以单击绘图工具属性栏右侧的"切换画笔调板"按钮 或选择"窗口"→"画笔"命令。

 设置画笔的基本特性

如果要利用"画笔"调板设置画笔的直径、旋转角度、圆度、硬度等一些基本特性,可以选择调板左侧列表中的"画笔笔尖形状"选项,然后在右侧的画笔列表中选择需要的画笔样式并进行相关设置,如图 4-36(a)所示。其中,利用"间距"选项可以定义不同效果的画笔样式,如图 4-36(b)所示。

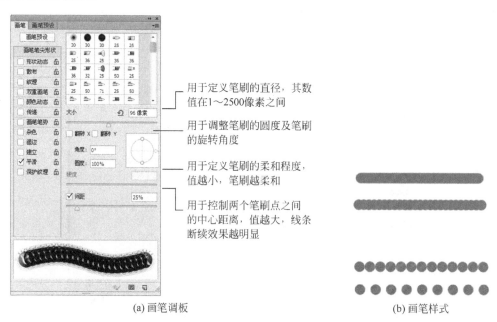

用于定义笔刷的直径,其数值在1～2500像素之间

用于调整笔刷的圆度及笔刷的旋转角度

用于定义笔刷的柔和程度,值越小,笔刷越柔和

用于控制两个笔刷点之间的中心距离,值越大,线条断续效果越明显

(a) 画笔调板　　　　　　　　　　　　　　　　(b) 画笔样式

图 4-36　画笔的基本特性及不同间距值的画笔效果

 设置动态画笔

要设置动态画笔,首先要选中"画笔"调板左侧列表中的"形状动态"复选框,然后在右侧的面板中进行各种参数设置即可,如图 4-37 所示。其中,在"控制"下拉列表框中选择"渐隐"选项,并设置合适的减弱步长数,可绘制渐隐线条减弱步长数的取值范围为 1～999,值越大,渐隐效果越匀称,也就越容易表现其减弱过程。这是因为步长数代表了一个画线长度,若画线较短而此数值较大,则可能无法表现出减弱效果。

在画笔的很多设置项目中都可设置渐隐参数,其使用方法都类似。通常情况下,如果打开该项设置,将会加强相应的效果。如图 4-38 所示即为设置画笔"控制"选项为"渐隐"特性的效果。

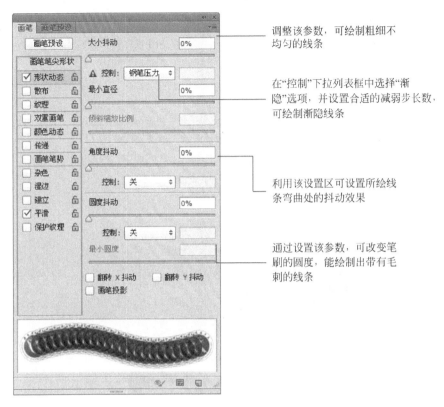

图 4-37　设置动态画笔

调整该参数,可绘制粗细不均匀的线条

在"控制"下拉列表框中选择"渐隐"选项,并设置合适的减弱步长数,可绘制渐隐线条

利用该设置区可设置所绘线条弯曲处的抖动效果

通过设置该参数,可改变笔刷的圆度,能绘制出带有毛刺的线条

图 4-38　渐隐效果

 设置画笔的散布效果

　　要设置画笔的散布效果,首先要选中"画笔"调板左侧列表中的"散布"复选框,然后在右侧面板中进行参数设置即可,有与没有散布效果的画笔的比较效果如图 4-39 所示。

 清除画笔设置

　　如果希望清除画笔各项特性设置,只需单击"画笔"调板右上角的 ▼☰ 按钮,在打开的控制菜单中选择"清除画笔控制"选项即可,如图 4-40 所示。

第4章　绘图与修图工具

108

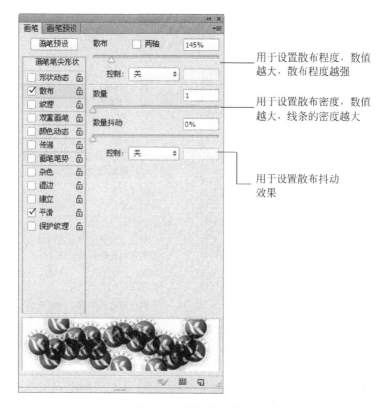

用于设置散布程度，数值越大，散布程度越强

用于设置散布密度，数值越大，线条的密度越大

用于设置散布抖动效果

图 4-39　设置散布效果

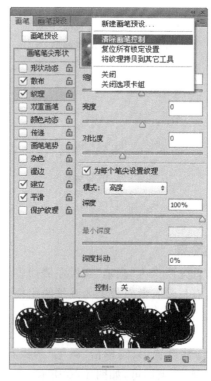

图 4-40　清除画笔设置

4.3.3　画笔工具、铅笔工具和颜色替换工具、混合器画笔工具

绘图工具组包括画笔工具 ✏️、铅笔工具 ✏️、颜色替换工具 📌和混合器画笔工具 🖌 4
种,利用这 4 种工具可以绘制出各种图形和图像。

 画笔工具和铅笔工具

Photoshop CS6 提供的画笔工具 ✏️ 和铅笔工具 ✏️ 都用于绘制线条和修饰图像。

使用画笔工具 ✏️ 时应注意以下几点。

- 利用工具属性栏选择画笔,可设置色彩混合模式与不透明度。
- 利用"流量"数值框可控制流动速率,数值越小,所绘线条越细。
- 如果按下其工具属性栏中的 🖌 按钮,可使画笔工具具有喷涂能力。

铅笔工具 ✏️ 通常用来绘制一些棱角比较突出的、无边缘的、具有发散效果的线条,其用
法与画笔工具 ✏️ 基本相同。

> 提示:
> - 选择画笔工具或铅笔工具,在图像窗口的需要位置处单击鼠标左键确定起点后,按住 Shift 键的
>   同时在合适位置再次单击鼠标左键,即可画出一条直线。
> - 若按住 Shift 键的同时多次单击鼠标左键,则可自动画出首尾相连的多条直线。
> - 按住 Alt 键,则画笔工具 ✏️ 切换为吸管工具 🖊。
> - 按住 Ctrl 键,则暂时将画笔工具 ✏️ 切换为移动工具 ⊹。

 颜色替换工具

利用颜色替换工具 📌,可在保持图像纹理和阴影不变的情况下快速改变图像任意区
域的颜色。要使用该工具,应先设置合适的前景色,然后再在图像指定的区域进行涂抹以改
变颜色。

🔘 **动手练习——颜色替换效果**

(1) 打开本书配套光盘"素材与实例/Ph4"目录下的 7. bmp 文件,然后使用磁性套索工
具 🔎 在图像中创建如图 4-41 所示的选区。

图 4-41　打开的素材并创建选区

（2）将前景色设置为深紫色（♯552c83）。选择颜色替换工具 ，其属性栏设置如图 4-42 所示。

图 4-42　颜色替换工具属性栏

其中各选项的含义如下。

- 模式：该下拉列表框包含"色相"、"饱和度"、"颜色"和"亮度"4 个选项供用户选择，默认情况下选中的为"颜色"选项。
- 取样按钮 ：按下"取样：连续"按钮 ，可在拖动鼠标时连续对颜色取样；按下"取样：一次"按钮 ，则只替换包含单击鼠标时所在区域的颜色；按下"取样：背景色板"按钮 ，则只替换包含当前背景色区域的颜色。
- 限制：选择"连续"选项表示将替换鼠标指针所在区域相邻近的颜色；选中"不连续"选项表示将替换任何位置的样本颜色；选中"查找边缘"选项表示将替换包含样本颜色的连接区域，同时更好地保留形状边缘的锐化程度。
- 容差：用户可在数值框内输入数值，或通过拖动滑块调整容差大小，其范围为 1～100。其值越大，可替换的颜色范围就越大。

（3）将鼠标指针移至图像选区内，按住鼠标左键并拖动鼠标，直至衣服颜色全部变为深紫色，然后释放鼠标并按 Ctrl＋D 组合键取消选区，最终效果如图 4-43 所示。

图 4-43　最终效果

 混合器画笔工具

混合器画笔工具 可以混合像素，它能模拟真实的绘画技术，如混合画布上的颜色、组合画笔上的颜色以及在描边过程中使用不同的绘画湿度。混合器画笔有两个绘画色管（一个储槽和一个拾色器）。储槽存储最终应用于画布的颜色，并且具有较多的油彩容量。拾取色管接收来自画布的油彩，其内容与画布颜色是连续混合的。

如图 4-44 所示为混合器画笔绘制效果。

图 4-44　混合器画笔绘制效果

4.4　色调修改工具

色调修改工具由减淡工具、加深工具和海绵工具组成。减淡和加深工具是用于调节照片特定区域曝光度的传统摄影技术，可使图像区域变亮或变暗。减淡工具可以使图像变亮，加深工具可使图像变暗。

4.4.1　减淡工具

减淡工具用来加亮图像的局部，通过将图像或选区的亮度提高来校正曝光，其属性栏如图 4-45 所示。

图 4-45　减淡工具属性栏

该工具属性栏中各主要选项的含义如下。

- “范围”下拉列表框中有阴影、中间调和高光三个选项。选择“阴影”选项，只能更改图像中暗部区域的像素；选择“中间调”选项，只能更改图像中颜色对应灰度为中间范围的部分像素；选择“高光”选项，只能更改图像中亮部区域的像素。
- “曝光度”数值框：用于设置减淡工具的曝光量，取值范围为 1%～100%。
- “喷枪”按钮：单击该按钮，将使用喷枪效果进行绘制。

运用减淡工具对图像进行处理前后的效果如图 4-46 所示。

(a) 原图

(b) 减淡效果

图 4-46　运用减淡工具对图像处理前后的效果

4.4.2 加深工具

加深工具通过增加曝光度来降低图像中某个区域的亮度,该工具的设置及使用与减淡工具相同,其属性栏如图 4-47 所示。

图 4-47 加深工具属性栏

运用加深工具对图像进行处理前后的效果如图 4-48 所示。

(a) 原图　　　　　　　　　　　　(b) 加深效果

图 4-48 运用加深工具对图像进行处理前后的效果

4.4.3 海绵工具

使用海绵工具可精确地更改区域的色彩饱和度。在灰度模式下,该工具可以通过灰阶远离或靠近中间灰色来增加或降低对比度,其属性栏如图 4-49 所示。

图 4-49 海绵工具属性栏

该工具属性栏中的"去色"选项可以减弱颜色的饱和度,"加色"选项可以增加颜色的饱和度。

提示:
按 O 键可以选取当前色调工具。
按 Shift+O 组合键,可以在减淡工具、加深工具和海绵工具之间进行切换。

4.5 图像修改工具

图像修改工具是通过设置画笔笔触,并在图像上随意涂抹,以修饰图像中的细节部分。修饰工具包括模糊工具、锐化工具、涂抹工具、仿制图章工具和图案图章工具。

4.5.1 模糊工具

使用模糊工具可以将图像变得模糊,而未被模糊的图像将显得更加突出清晰,其属性栏如图 4-50 所示。

图 4-50 模糊工具属性栏

在"画笔"下拉调板中选择一个合适的画笔,选择的画笔越大,图像被模糊的区域也越大;可在"模式"下拉列表框中选择操作时的混合模式,它的意义与图层混合模式相同;"强度"数值框中的百分数,可以控制模糊工具操作应用在其他图层中的强度,否则,操作效果只作用在当前图层中。

运用模糊工具对图像进行模糊前后的效果如图 4-51 所示。

(a) 原图　　　　　　　　　　　　(b) 模糊效果

图 4-51 运用模糊工具处理图像前后的效果

4.5.2 锐化工具

锐化工具的作用与模糊工具的作用刚好相反,可用于锐化图像的部分像素,使被操作区域更清晰。锐化工具的工具属性栏与模式工具完全一样,其参数的意义也一样,故不再赘述。

4.5.3 涂抹工具

涂抹工具可以用来混合颜色。使用涂抹工具时,Photoshop 从单击处的颜色开始,将它与鼠标经过的颜色相混合。除了混合颜色和搅拌颜料之外,涂抹工具还可用来在图像中产生水彩般的效果,其属性栏如图 4-52 所示。

选中该工具属性栏中的"对所有图层取样"复选框,可以对所有可见图层中的颜色进行涂抹,取消选择该复选框,则只对当前图层的颜色进行涂抹;选中"手指绘画"复选框,可以从起点描边处使用前景色进行涂抹,取消选择该复选框,则涂抹工具只会在起点描边处用指

图 4-52　涂抹工具属性栏

定的颜色进行涂抹。

运用涂抹工具对图像进行处理前后的效果如图 4-53 所示。

(a) 涂抹前　　　　　　　　　　　　　　　　(b) 涂抹后

图 4-53　运用涂抹工具对图像进行处理前后的效果

4.5.4　仿制图章工具

使用仿制图章工具可以从图像中取样,然后将样本应用到其他图像或同一图像的其他部分,其属性栏如图 4-54 所示。

图 4-54　仿制图章工具属性栏

该工具属性栏中的"对齐"复选框用于对整个取样区域仅对齐一次,即使操作由于某种原因而停止,当再次使用该工具操作时,仍可以从上次结束操作时的位置开始,直到再次取样;若取消选择该复选框,则每次停止操作后再进行操作时,必须重新取样。

◎ 动手练习——仿制图章效果

(1) 单击"文件"→"打开"命令,打开一幅鱼素材图像,如图 4-55 所示。单击"图层"调板底部的"创建新图层"按钮,新建"图层 1"。

(2) 选取工具箱中的仿制图章工具,单击工具属性栏中"画笔"右侧的三角形按钮,设置"主直径"值为 60px、"硬度"值为 0%,按住 Alt 键,鼠标指针呈 ⊕ 形状,移动鼠标指针至图像编辑窗口中的鱼素材图像处单击鼠标左键进行取样,如图 4-56 所示。

(3) 释放 Alt 键,移动鼠标指针至图像窗口其他位置按住鼠标左键并进行涂抹,效果如图 4-57 所示。

(4) 单击"编辑"→"变换"→"水平翻转"命令,水平翻转图像。选取工具箱中的移动工具,适当地调整仿制鱼图像的位置,效果如图 4-58 所示。

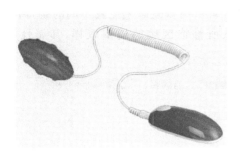

图 4-55　素材图像

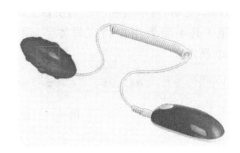

图 4-56　进行取样

图 4-57　仿制图像的效果

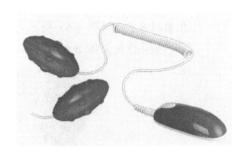

图 4-58　图像效果

4.5.5　图案图章工具

图案图章工具可以复制定义好的图案,它能在目标图像上连续绘制出选定区域的图像,其属性栏如图 4-59 所示。

图 4-59　图案图章工具属性栏

该工具属性栏中的"画笔"选项用于设置绘图时使用的画笔类型;在"模式"下拉列表框中可以选择各种混合模式;"流量"数值框用于设置扩散速度;取消选择"对齐"复选框,进行多次复制操作会得到图像的层叠效果;"印象派效果"复选框用于设置绘制图案的效果,选中该复选框,使用图案图章工具创建的图像将具有印象主义艺术效果。

4.6　修图工具

在处理图像时,对于图片中一些不满意的部分可以使用修复和修补工具进行修改或复原。Photoshop CS6 的修图功能应用很广泛,可以对人物面部的雀斑、疤痕等进行处理,而且还可以对闪光拍照留下的红眼进行修饰。

4.6.1　污点修复画笔工具

使用污点修复画笔工具可以快速移去照片中的污点和不理想的部分。污点修复画笔工具的工作方式与修复画笔工具类似,即使用图像或图案中的样本像素进行绘画,并将样本像素的纹理、光照、透明度和阴影与所修复的像素相匹配。与修复画笔工具不同的是，污点修复画笔工具不需要用户指定样本点，其将自动从所修饰区域的周围取样，其属性栏如图 4-60 所示。

图 4-60　污点修复画笔工具属性栏

动手练习——污点修复效果

（1）打开素材文件，如图 4-61 所示，选择污点修复画笔工具 ，其属性栏如图 4-62 所示。其中，部分选项的含义如下。

图 4-61　打开的素材图片

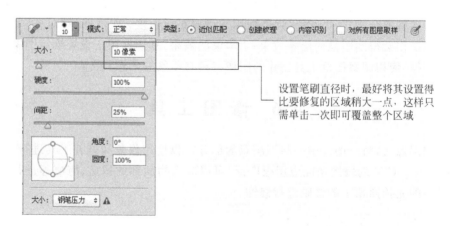

设置笔刷直径时，最好将其设置得比要修复的区域稍大一点，这样只需单击一次即可覆盖整个区域

图 4-62　污点修复画笔工具属性栏

- 近似匹配：选中该单选按钮表示使用周围图像来近似匹配要修复的区域。

- 创建纹理：选中该单选按钮表示使用选区中的所有像素创建一个用于修复该区域的纹理。
- 对所有图层取样：选中该复选框表示对所有可见图层中的图像进行取样。若取消选择该复选框，则只对当前图层中的图像进行取样。

（2）设置好属性后，将鼠标指针移至图像中的污点处，单击鼠标左键即可将污点清除，如图 4-63 所示。

（3）使用相同的操作方法，根据要清除污点的大小不同，更改笔刷的大小，清除图像中的其他污点，最终效果如图 4-64 所示。

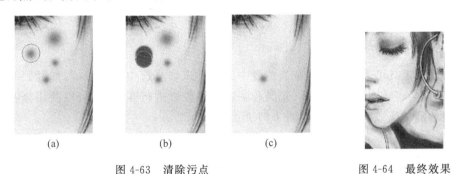

图 4-63　清除污点

图 4-64　最终效果

提示：如果需要修饰大片区域或需要更大程度地控制取样来源，建议使用下面介绍的修复画笔工具 ✐ 。

4.6.2　修复画笔工具

修复画笔工具可用于校正图像中的瑕疵。修复画笔工具与仿制图章工具一样，可以使用图像或图案中的样本像素来绘画。但修复画笔工具还可将样本像素的纹理、光照和阴影与源像素进行匹配，从而使修复后的像素不留痕迹地融入图像的其余部分中，其属性栏如图 4-65 所示。

图 4-65　修复画笔工具属性栏

该工具属性栏中各主要选项的含义如下。
- 画笔：用于设置画笔大小。
- 模式：用于设置图像在修复过程中的混合模式。
- 取样：选中该单选按钮，按住 Alt 键的同时在图像内单击鼠标左键，即可确定取样点，释放 Alt 键，将鼠标指针移动到需复制的位置，拖曳鼠标即可修复图像。
- 图案：用于设置在修复图像时以图案或自定义图案对图像进行图案填充。
- 对齐：用于设置在修复图像时将复制的图案进行对齐。

运用污点修复画笔工具对图像进行修复前后的效果如图 4-66 所示。

(a) 原图   (b) 修复效果

图 4-66   运用污点画笔工具对图像进行修复前后的效果

4.6.3   修补工具

使用修补工具可以用其他区域或图案中的像素来修复选中的区域,与修复画笔工具相同,修补工具会将样本像素的纹理、光照和阴影与源像素进行匹配,还可以使用修补工具来仿制图像的隔离区域,其属性栏如图 4-67 所示。

图 4-67   修补工具属性栏

选中该工具属性栏中的"源"单选按钮,可使用其他区域的图像对所选区域进行修复;选中"目标"单选按钮,可使用所选的图像对其他区域的图像进行修复;选中"使用图案"按钮,可使用目标图像覆盖选定的区域。

4.6.4   红眼工具

红眼工具可以消除照片中的红眼,也可以移除闪光灯拍摄动物照片时的白色或绿色反光,其属性栏如图 4-68 所示。

图 4-68   红眼工具属性栏

在该工具属性栏中的"瞳孔大小"数值框中,可通过拖动滑块或在数值框中输入1%～100%之间的值,来设置瞳孔(眼睛暗色的中心)的大小;在"变暗量"数值框中,可通过拖动滑块或在数值框中输入1%～100%之间的值,来设置瞳孔的暗度。

🖲 动手练习——修复红眼效果

(1)单击"文件"→"打开"命令,打开一幅人物素材图像,如图 4-69 所示。

(2)选取工具箱中的红眼工具,设置工具属性栏中的"瞳孔大小"值为50%、"变暗量"值为50%,移动鼠标指针至图像窗口,在人物图像的眼睛处按住鼠标左键并拖动,创建一个选区,效果如图 4-70 所示。

(3)释放鼠标,修正红眼,效果如图 4-71 所示。

(4)用同样的操作方法,运用红眼工具在图像窗口中移除另一个红眼,效果如图 4-72 所示。

图 4-69　素材图像

图 4-70　创建选区

图 4-71　修正红眼的效果

图 4-72　移除另一只红眼

4.7　实　例　演　练

化妆品广告

　　本案例以绿色为背景,整体给人以清淡舒畅的感觉,该广告版面简单明了,一幅化妆的人面像和一瓶化妆品构成了一条对角线,将画面的上下部分联系起来,效果如图 4-73 所示。

　　制作步骤:

　　(1) 启动 Photoshop CS6 程序,选择"文件"→"新建"命令,在打开的"新建"对话框中设置"化妆品广告"为"图案"、"宽度"为 800 像素、"高度"为 600 像素、"分辨率"为 300 像素/英寸、"颜色模式"为"RGB 颜色"、"背景内容"为白色,如图 4-74 所示。设置完成后单击"确定"按钮,创建一个新文件。

　　(2) 选择渐变工具，单击"点按可编辑渐变"图标,弹出"渐变编辑器"窗口,设置第 1 色标点颜色为 #98c678、第 2 色标点颜色为 #239a0a,如图 4-75 所示,再单击其属性栏中的"线性渐变"按钮，单击鼠标并从操作窗口的左上方拖动鼠标,随之出现渐变线一直到右下方,松开鼠标,完成线性渐变着色,效果如图 4-76 所示。

图 4-73　效果图

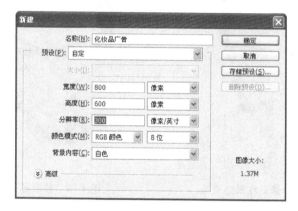

图 4-74　"新建"窗口

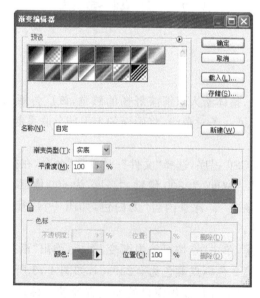

图 4-75　"渐变编辑器"窗口

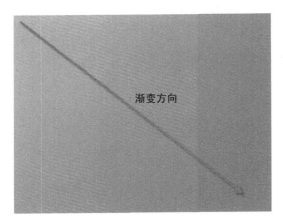

图 4-76　渐变效果

（3）新建图层 1,选择矩形选框工具 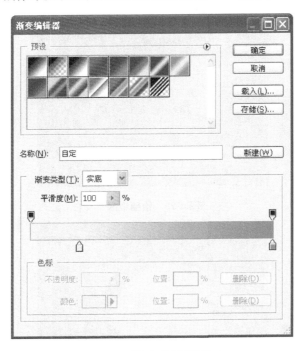 在窗口中绘制一个矩形选框。然后选择渐变工具，单击"点按可编辑渐变"图标,弹出"渐变编辑器"窗口,设置第 1 色标点颜色为 ♯e3f0d6、第 2 色标点颜色为 ♯03b098（如图 4-77 所示）,再单击其属性栏中的"径向渐变"按钮，设置好渐变属性后,单击鼠标并从操作窗口的左上方拖动鼠标,随之出现渐变线一直到右下方,松开鼠标,完成径向渐变着色,效果如图 4-78 所示。

图 4-77　"渐变编辑器"窗口

（4）将前景色设置为 ♯239a0a。选取工具箱中的"画笔"工具,在其选项栏中选取大小合适的软画笔在操作窗口上方随意绘制,按 Ctrl+D 组合键取消选区,效果如图 4-79 所示。

（5）新建图层,选择工具箱中的"椭圆"工具,按住 Shift 键在新建图层上绘制圆形选区,将前景色设置为白色并填充圆形（如图 4-80 所示）。同样绘制一个较小的圆形选区,单击

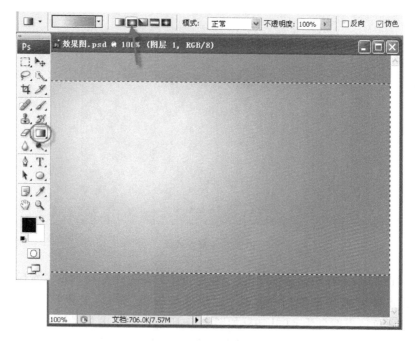

图 4-78　渐变填充效果

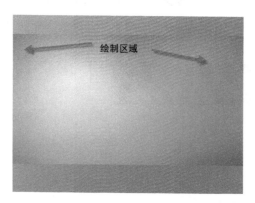

图 4-79　绘制效果

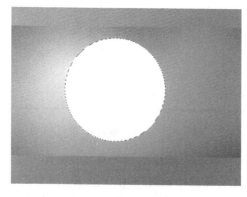

图 4-80　绘制圆形

"选择"→"修改"→"羽化"命令,在弹出的"羽化选区"对话框中设置"羽化半径"为 40(如图 4-81 所示),然后按键盘上的 Del 删除,重复删除三次,效果如图 4-82 所示。

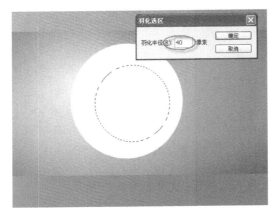

图 4-81　羽化选区

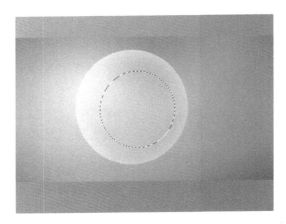

图 4-82　删除效果

　　(6)选择工具箱中的"矩形选框"工具,在圆形的下方绘制矩形选区(如图 4-83 所示),按 Del 键删除选区,然后取消选区效果如图 4-84 所示。

图 4-83　绘制矩形选区

图 4-84　删除效果

（7）用同样的方法制作其他圆形，效果如图 4-85 所示。

图 4-85　绘制圆形

（8）新建图层，选取工具箱中的画笔工具 ，按 F5 键以显示"画笔"调板，设置"画笔笔尖形状"参数如图 4-86 所示。

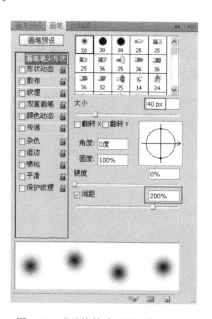

图 4-86　"画笔笔尖形状"参数设置

（9）在"画笔"调板左侧的"动态参数区"中选择"形状动态"选项，并按照图 4-87 所示进行参数设置。

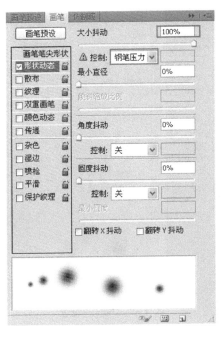

图 4-87 "形状动态"参数设置

（10）按照步骤（9）的方法，分别对"散布"（如图 4-88 所示）、"纹理"（如图 4-89 所示）、"颜色动态"（如图 4-90 所示）、"传递"（如图 4-91 所示）选项进行设置。

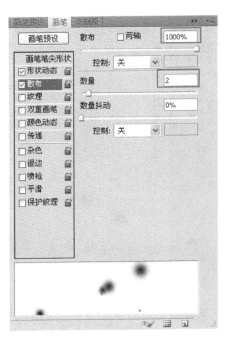

图 4-88 "散布"设置

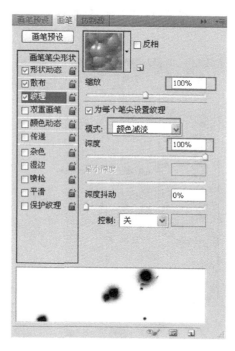

图 4-89　"纹理"设置

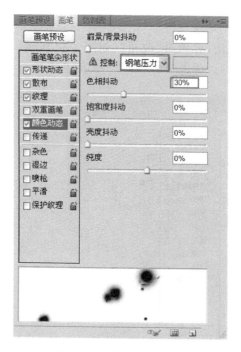

图 4-90　"颜色动态"设置

(11) 新建图层。设置前景色颜色值为♯FF0000,使用画笔工具 ✎ 在图像中任意拖动,直至得到类似如图 4-92 所示的效果。

(12) 单击"图层"调板,设置"图层 1"的混合模式为"颜色减淡",效果如图 4-93 所示。

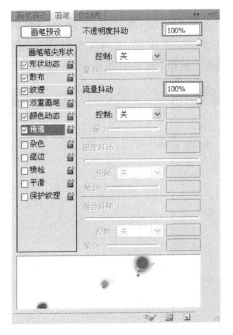

图 4-91 "传递"设置

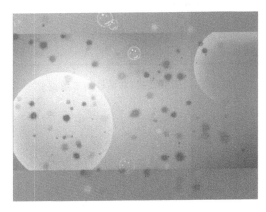

图 4-92 画笔绘制效果

图 4-93 最终效果

　　（13）将画笔绘制层设置为当前图层,然后单击"图层"调板底部的"添加图层样式"按钮 *fx.*,并在弹出的下拉菜单中选择"外发光"选项,在打开的"图层样式"对话框中,设置如图 4-94 所示的参数,单击"确定"按钮,效果如图 4-95 所示。

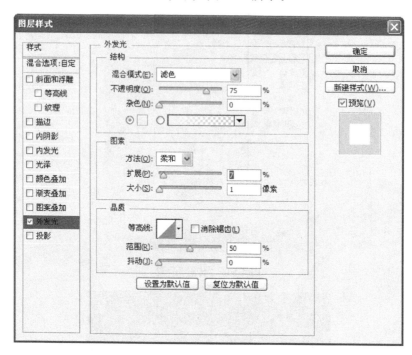

图 4-94　"图层样式"对话框的参数设置

图 4-95　外发光效果

　　（14）打开"叶子"图像素材(如图 4-96 所示),通过观察发现叶子颜色过暗,需要调整其色相饱和度。单击"图像"→"调整"→"色相/饱和度"命令,在弹出的"色相/饱和度"对话框中勾选"着色"选项,设置色相与饱和度如图 4-97 所示,单击"确定"按钮,效果如图 4-98 所示。

　　（15）将调整好"色相/饱和度"的叶子调入新建文件中,调整其大小及位置,效果如图 4-99 所示。

图 4-96　图像素材

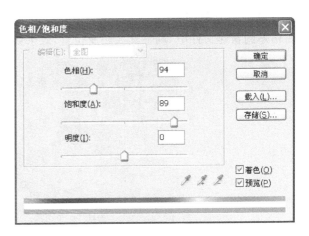

图 4-97　"色相/饱和度"对话框

图 4-98　调整后的效果

图 4-99　调入叶子效果

（16）打开素材"新鲜人祛斑霜"图像,并将其调入新建文件中,调整其大小及位置,效果如图 4-100 所示。

图 4-100　调入素材图像效果

(17) 打开素材图像（如图 4-101 所示），单击工具箱中"多边形套索"工具，套取树叶，并复制粘贴到新建文件中，调整其大小及位置，效果如图 4-102 所示。

图 4-101　图像素材

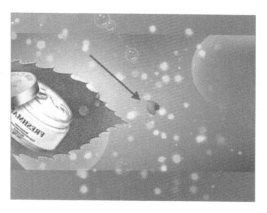

图 4-102　调入素材图像效果

(18) 用同样的方法套取另一片树叶，复制粘贴到新建文件中，然后将树叶复制多片，调整其位置，效果如图 4-103 所示。

图 4-103　复制效果

（19）选择"文件"→"打开"命令，打开人物素材图像，用工具箱中的"移动"工具，按住鼠标左键不放，将其拖动到新建文件中，如图 4-104 所示。

图 4-104　调入素材图像

（20）按 Ctrl＋T 组合键执行自由变换命令，图像周围出现调节网格，按住 Shift＋Alt 组合键拖动调节网格边角的手柄，等比例调整图像大小（如图 4-105 所示）。然后选取"编辑"→"变换"→"水平翻转"命令，水平翻转人物素材，如图 4-106 所示。

图 4-105　调整大小

图 4-106　水平翻转效果

（21）选择工具箱中"魔棒"工具，在其属性栏中设置"容差"为10，单击人物素材边缘白色部分，选取白色部分。选取"选择"→"修改"→"羽化"菜单命令，在弹出的对话框中设置羽化半径为5，如图4-107所示，按键盘上Del键删除选区内容，效果如图4-108所示。

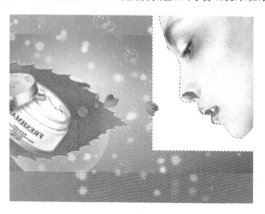

图4-107　羽化

图4-108　删除效果

（22）按Ctrl+D组合键取消选区，选择工具箱中的"橡皮擦"工具，擦除人物周围多余部分，效果如图4-109所示。

图4-109　擦除效果

（23）将前景色设置为白色，单击工具箱中的"文本"工具 T,，输入"激悦我身、清透我心"文字，字体为黑体，如图 4-110 所示。

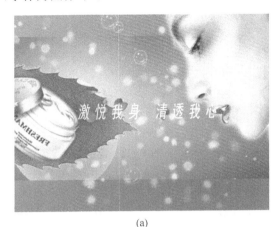
(a)

(b)

图 4-110　输入文字

（24）将输入的文字图层复制，并将其颜色设置为绿色，然后用移动工具 ▶₊ 移动一定距离，效果如图 4-111 所示。

图 4-111　移动文字

（25）选择工具箱中"文本"工具 T,，输入文字，设置相应的字体及大小，效果如图 4-112 所示。

图 4-112　输入文字

(26) 选择工具箱中的"自定义形状"工具 ，在其属性栏选取相应形状（如图 4-113 所示），绘制如图 4-114 所示的 R 形状。

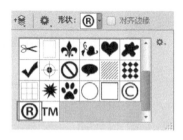

图 4-113　自定义形状　　　　　　　图 4-114　绘制形状

(27) 选择工具箱中"文本"工具 ，输入直排的"天下无斑"文字，字体为经典综艺体，然后用钢笔工具 绘制括弧形状将"天下无斑"文字括起来，最终效果如图 4-73 所示。

4.8　思考与练习

1. 填空题

(1) 使用_____可以用前景色或图案快速填充图像中由颜色相近的像素组成的区域。填充的区域大小取决于邻近的像素颜色与填充处像素颜色的相似程度。

(2) 使用_____工具可以用其他区域或图案中的像素来修复选中的区域。

(3) 使用_____工具可以擦除图层中的图像，并将其涂抹成透明的区域，在抹背景的同时保留对象的_____。

2. 简答题

(1) 选取颜色有哪几种方法？

(2) 如何使用修补工具对图像进行修补？

(3) 背景橡皮擦工具和魔术橡皮擦工具有何区别？

3. 上机练习

(1) 使用"画笔"工具绘制如图 4-115 所示的效果。

图 4-115　画笔绘制效果

（2）使用“渐变填充”工具绘制鸡蛋，如图 4-116 所示。

图 4-116　绘制鸡蛋效果

第 5 章　图像色彩调整

▶▶▶

本章导读

　　Photoshop 工具的使用是图像编辑时较为重要的内容,而对图像色彩和色调的调整更是编辑图像的关键。有效地控制图像色彩和色调,才能制作出高品质的图像。本章主要讲解调整图像色调和色彩的功能。掌握了如何对图像色调和色彩进行调整的技能,才能制作出视觉冲击力强的作品。

学习重点

✓ 图像色彩调整。

✓ 特殊色彩的控制。

5.1　图像色彩调整命令

　　用户在色调校正完成后,就可以准确测定和诊断图像中色彩的任何问题,如色偏、色彩过饱和或饱和不足等。

　　系统提供了多种用于调整色彩平衡的命令,如“色阶”、“色彩平衡”、“色相/饱和度”和“替换颜色”等。因此,根据当前图像情况和希望得到的效果,应首先选择希望使用的色彩平衡命令。

5.1.1　使用“色阶”命令调整色调

　　“色阶”命令对于调整图像色调来说是使用频率非常高的命令之一,它可以通过分别调整图像的暗调、中间调和高光的强度级别,来校正图像的色调范围和色彩平衡。

🔘 动手练习——色阶调整效果

　　(1) 单击“文件”→“打开”命令,打开素材图像,如图 5-1 所示。由于拍摄条件、技术等原因导致照片影调发灰,该亮的地方不亮,该暗的地方不暗。对于这类有问题的照片可以用“色阶”命令来调整。

　　(2) 选择“图像”→“调整”→“色阶”命令,打开“色阶”对话框,如图 5-2 所示。

该对话框中各选项的含义如下。

- 通道:用于选择要调整色调的通道。
- 输入色阶:该选项包括三个文本框,分别用于设置图像的暗部色调、中间色调和亮部色调。
- 输出色阶:用于限定图像的亮度,其取值范围为 0~255。其中的两个文本框分别用于提高图像的暗部色调和降低图像的亮度。

图 5-1　打开的素材图片

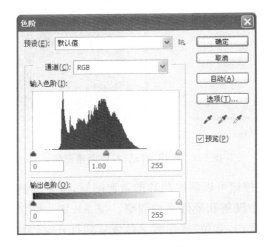

图 5-2　"色阶"对话框

- 直方图：对话框的中间部分称为直方图，其横轴代表亮度(从左到右为全黑过渡到全白)，纵轴代表处于某个亮度范围中的像素数量。显然，当大部分像素集中于黑色区域时，图像的整体色调较暗；当大部分像素集中于白色区域时，图像的整体色调较亮。
- 自动：单击该按钮，Photoshop 将自动调整图像色调。
- 存储：单击该按钮，可以以文件的形式存储当前对话框中的参数设置。
- 载入：单击该按钮，可以载入存储在＊.ALV 文件中的色阶调整参数。
- 选项：单击该按钮，将打开"自动颜色校正选项"对话框，在其中可以设置阴影、中间调和高光的颜色，以及设置自动颜色校正的算法。
- 预览：选中该复选框，可在图像窗口随时预览图像调整后的效果。
- 吸管工具：用于在图像中选择颜色，其从左至右分别是"在图像中取样以设置黑场"工具，用它单击图像，则图像中所有像素的亮度值都会减去单击处像素的亮度值，使图像变暗；"在图像中取样以设置灰点"工具，用它单击图像，Photoshop 将用吸管单击处像素的亮度来调整图像所有像素的亮度；"在图像中取样以设置白场"工具，用它单击图像，图像中所有像素的亮度值都会加上单击处像素的亮度值,使图像变亮。

(3) 在图 5-2 所示的直方图中可以看出,照片的像素主要分布在中间部分,而左侧的暗调和右侧的亮调部分几乎没有像素,这就是该照片发灰的主要原因。

(4) 调整该照片最简单的方法是单击"色阶"对话框中的"自动"按钮,此时可在"色阶"对话框的直方图中看出,中间部分的像素向两边分散,使照片的最暗与最亮区域都有像素,照片也就变得鲜亮起来,如图 5-3 所示。

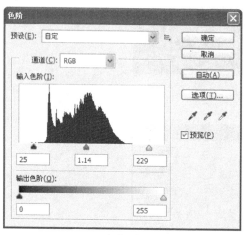

(a) "色阶"对话框　　　　　　　　　　　(b) 自动调整效果

图 5-3　使用"自动"按钮调整图像

(5) 虽然使用"自动"按钮可以解决照片的灰调问题,但是调整结果往往不能令人满意,因此,用户可以按照自己的理解和爱好手动调整。按 Alt 键,此时"色阶"对话框中的"取消"按钮变成了"复位"按钮,单击"复位"按钮将参数恢复到打开时的状态。

(6) 用鼠标向右拖动直方图左侧的黑场滑块,一边拖动一边查看照片中最暗地方的影调,直到满意为止,具体位置如图 5-4(a)所示。此时照片的影调也就变暗了,其效果如图 5-4(b)所示。

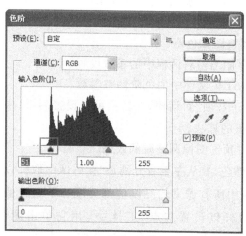

(a) "色阶"对话框　　　　　　　　　　　(b) 调整暗部效果

图 5-4　调整图像的暗部像素

（7）用同样的方法，向左拖动直方图右侧的白色滑块，并观察照片中最亮地方的影调，如图5-5所示。此时，照片的影调便恢复正常了。

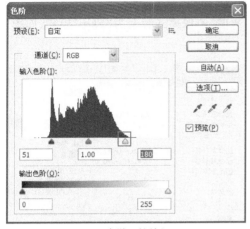

(a)"色阶"对话框

(b) 调整亮部效果

图 5-5　调整图像的亮部像素

5.1.2　使用"色相/饱和度"命令调整色彩平衡

使用"色相/饱和度"命令可调整图像中单个颜色成分的"色相"、"饱和度"和"明度"。选择使用"色相/饱和度"命令后，系统将打开如图5-6所示的对话框。用户应首先通过该对话框中的"编辑"下拉列表选择要调整的像素，其中"全图"表示选择所有像素，也可单独选择红色像素、黄色像素等。选择像素后，可用"色相"、"饱和度"和"明度"三个滑竿调整所选像素的显示。

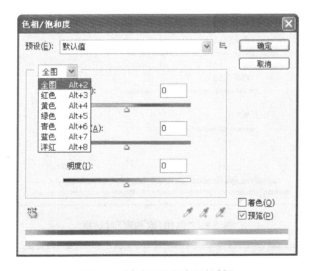

图 5-6　"色相/饱和度"对话框

在"色相/饱和度"对话框中，还有一个"着色"复选框。选中该复选框，可使灰色图像变为颜色的彩色图像，使彩色图像变为单一颜色图像。此时，在"编辑"复选框中默认选中"全图"。

动手练习——色相/饱和度调整效果

（1）按 Ctrl＋O 组合键，打开素材图像，如图 5-7 所示。

（2）选择"编辑"→"模式"→"RGB"命令，将"灰度"图像模式转变为"RGB"模式，如图 5-8 所示。

图 5-7　素材图像

图 5-8　菜单命令

（3）单击"图像"→"调整"→"色相/饱和度"命令或按 Ctrl＋U 组合键，弹出"色相/饱和度"对话框，勾选"着色"复选框，设置"色相"为 0、"饱和度"为＋80、"明度"为 0，如图 5-9 所示。

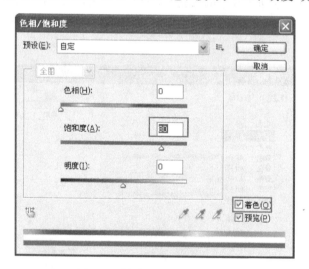

图 5-9　"色相/饱和度"对话框

提示：

该对话框中各主要选项的含义如下。

编辑：在该下拉列表框中可以选择"全图"选项，这样可以同时调整图像中所有的颜色，也可以对单个颜色部分进行单独调节。

色相：用于调整图像的色相。可以在其右侧的数值框中输入数值，其取值范围为－180～180 的整数，或者拖动数值框下方的滑块并将其移动到适合位置。

饱和度：用于调整图像的饱和度，可以在其右侧的数值框中输入数值，其数值范围为－100～100 的整数。

明度：用于调整图像的明亮程度，可以在其右侧的数值框中输入数值，其取值范围为－100～100 的整数。

着色：选中该复选框，则可将图像变成单一颜色的图像。

（4）单击"确定"按钮，执行"色相/饱和度"命令，效果如图 5-10 所示。

图 5-10　最终效果

5.1.3　使用"可选颜色"命令平衡和调整颜色

与其他颜色校正命令相同，"可选颜色"命令用于调整颜色和校正色彩的不平衡问题。可选颜色校正是高档扫描仪和分色程序使用的一项色彩调整功能，它可以在图像中的每个加色和减色的原色成分中增加或减少印刷颜色的数量。通过增加或减少与其他印刷油墨相关的印刷油墨数量，可以使用户有选择地修改任何原色中印刷色的数量，而不影响其他原色。下面通过一个实例介绍该命令的使用方法。

动手练习——可选颜色调整效果

（1）按 Ctrl＋O 组合键，打开素材图像，如图 5-11 所示。确保在"通道"调板中选中了复合通道。

（2）选择"图像"→"调整"→"可选颜色"命令，打开"可选颜色"对话框，在"颜色"下拉列表中选择要调整的颜色（此处选择红色），如图 5-12 所示。

（3）在"可选颜色"对话框中分别拖动"青色"、"洋红"和"黄色"滑块，减少红色中的青色和洋红成分，增加黄色成分，如图 5-13（a）所示。调整到满意的效果后，单击"确定"按钮关闭对话框。此时，红色的花变成了黄色的花，如图 5-13（b）所示。

图 5-11　打开的素材图片

图 5-12　"可选颜色"对话框

(a) "可选颜色"对话框

(b) 调整后的效果

图 5-13　使用"可选颜色"命令调整颜色后的效果

5.1.4　使用"匹配颜色"命令匹配颜色

　　"匹配颜色"命令用于匹配不同图像之间、多个图层之间或者多个颜色选区之间的颜色。使用该命令,还可以通过更改亮度、色彩范围以及中和色调来调整图像的颜色。

　　"匹配颜色"命令将一个图像(源图像)的颜色与另一个图像(目标图像)的颜色相匹配。当用户尝试使不同照片中的颜色看上去一致,或者当一个图像中特定元素的颜色(如肤色)必须与另一个图像中某个元素的颜色相匹配时,该命令会提供很大的帮助。下面通过实例介绍"匹配颜色"命令的使用方法。

动手练习——匹配颜色调整效果

　　(1) 按 Ctrl＋O 组合键,打开素材图片,如图 5-14 所示。本例将 5.1a.jpg 文件作为源图像,5.1b.jpg 文件作为要匹配颜色的目标图像,并将 5.1b.jpg 设置为当前图像。

　　(2) 选择"图像"→"调整"→"匹配颜色"命令,打开"匹配颜色"对话框,其中部分选项的含义及参数设置如图 5-15 所示。

(a) 素材1

(b) 素材2

图 5-14　打开的素材图片

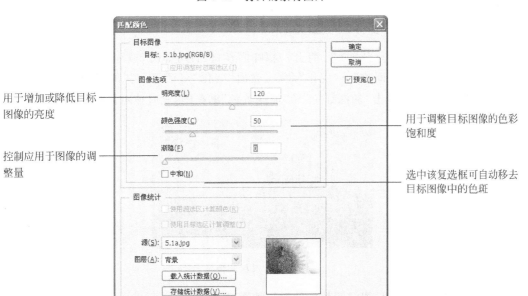

图 5-15　"匹配颜色"对话框

（3）设置完成后，单击"确定"按钮关闭对话框，匹配颜色前后的对比效果如图 5-16 所示。

(a) 原图 　　　　　　　　　　　　　　　　　　(b) 调整效果

图 5-16　匹配颜色前后的对比效果

提示：
- 可以在源图像和目标图像中建立要匹配的选区，这主要用于将一个图像的特定区域（如面部肤色）与另一个图像中的特定区域相匹配。
- 当源图像包含多个图层时，可以在"图像统计"选项区中的"图层"下拉列表框中选择某个图层；若要匹配源图像中所有图层的颜色，还可在"图层"下拉列表框中选择"合并的"选项。

5.1.5　使用"变化"命令调整色彩平衡、对比度和饱和度

"变化"命令显示替代物的缩览图，可以更容易地调整图像的色彩平衡、对比度和饱和度。该命令对于不需要精确调整的平均调图像最为有用，它不能用于索引颜色图像或 16位/通道图像。

🔘 动手练习——变化调整效果

（1）单击"文件"→"打开"命令，打开一幅啤酒素材图像，如图 5-17 所示。

（2）单击"图像"→"调整"→"变化"命令，弹出"变化"对话框，在"加深蓝色"缩略图中，双击鼠标左键，并依次单击"加深红色"和"加深黄色"缩略图，此时该对话框如图 5-18 所示。

图 5-17　素材图像

（3）单击"确定"按钮，图像调整后的效果如图 5-19 所示。

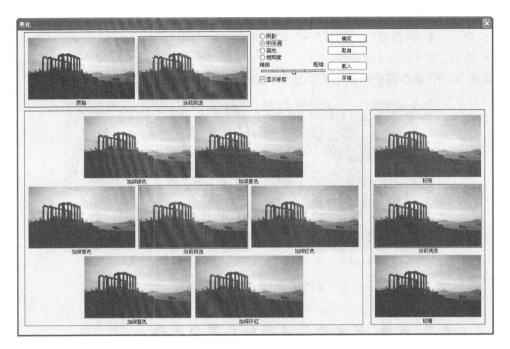

图 5-18　"变化"对话框

图 5-19　图像效果

5.2　特殊用途的色彩调整命令

现在让我们看看系统提供的一组特殊用途的色彩调整命令,如"反相"、"阈值"和"渐变映射"等。尽管这些命令也可以更改图像中的颜色和亮度值,但它们通常用于增强颜色或产生特殊效果,而不用于校正颜色。

5.2.1　使用"反相"命令将图像反相

"反相"命令可以对图像进行反相,即将一个阳片黑白图像变成阴片,或从扫描的黑白阴片中得到一个阳片。该命令是唯一不丢失颜色信息的命令,也就是说,用户可再次执行该命令来恢复源图像。使用"反相"命令可以反转图像中的颜色。在反相图像时,通道中每个像素的亮度值将转换为 256 级颜色值刻度上相反的值。可以使用该命令将一幅黑白正片图像变成负片,或从扫描的黑白负片得到一个正片。

使用"反相"命令调整图像色彩、色调有以下两种方法。

- 命令：单击"图像"→"调整"→"反相"命令。
- 按钮：按 Ctrl＋I 组合键。

运用"反相"命令调整图像的前后效果，如图 5-20 所示。

(a) 原图   (b) 反相效果

图 5-20   运用"反相"命令调整图像的前后效果

5.2.2   使用"阈值"命令将图像转换为黑白图像

使用"阈值"命令可以将灰色或彩色图像转换为较高对比度的黑白图像。用户可以指定阈值，在转换的过程中系统将会使所有比该阈值亮的像素转换为白色，将所有比该阈值暗的像素转换为"黑色"。

🔵 **动手练习——阈值调整效果**

（1）单击"文件"→"打开"命令或按 Ctrl＋O 组合键，打开一幅素材图像，如图 5-21 所示。

图 5-21   素材图像

（2）单击"图像"→"调整"→"阈值"命令，弹出"阈值"对话框，调整阈值（如图 5-22 所示），单击"确定"按钮，结果如图 5-23 所示。

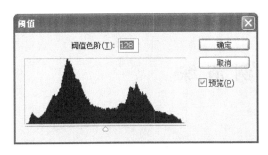

图 5-22 "阈值"对话框

图 5-23 最终效果

5.2.3 渐变映射

使用"渐变映射"命令可将相等的图像灰度范围映射到指定的渐变填充色。如果指定双色渐变填充，则图像中的暗调将被映射到渐变填充的一个端点颜色、高光映射到另一个端点颜色、中间调映射到两个端点间的颜色层次。

动手练习——渐变映射效果

（1）单击"文件"→"打开"命令，打开一双鞋素材图像，如图 5-24 所示。

（2）单击"图像"→"调整"→"渐变映射"命令，弹出"渐变映射"对话框，单击"点按可编辑渐变"右侧的下拉按钮，在弹出的下拉调板中选择"橙色、黄色、橙色"选项，如图 5-25 所示。

图 5-24 素材图像

该对话框中各主要选项的含义如下。

- 灰度映射所用的渐变：单击渐变色条并在打开的"渐变编辑器"窗口中选择所需的渐变。默认情况下，图像的暗调、中间调和高光分别映射到渐变填充的起始（左端）颜色、中点颜色和结束（右端）颜色上。
- 仿色：选中该复选框，可添加随机杂色以平滑渐变填充的外观并减少带宽效果。
- 反向：选中该复选框，切换渐变填充的方向以反向渐变映射。

（3）单击"确定"按钮，图像调整后的效果如图 5-26 所示。

147

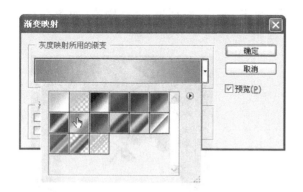

图 5-25 "渐变映射"对话框   图 5-26 图像效果

5.3 实 例 演 练

冷暖色调整

本案例运用"曲线"调整命令,调整冷暖色调,然后使用"高斯模糊"滤镜虚化周围环境,效果如图 5-27 所示。

(a)暖色调   (b)冷色调

图 5-27 冷暖效果

制作步骤:

(1) 按 Ctrl＋O 组合键,打开人物素材图像,如图 5-28 所示。

图 5-28 素材图像

（2）按 Ctrl＋J 组合键复制背景图层，设置"背景副本"图层模式为"柔光"（如图 5-29 所示），效果如图 5-30 所示。

图 5-29　图层模式

图 5-30　修改图层模式效果图

（3）按 Ctrl＋Shift＋Alt＋E 组合键盖印图层，然后选择"图像"→"调整"→"曲线"命令，打开"曲线"对话框，设置"通道"为"红"，在对话框中调整曲线至如图 5-31 所示的设置。

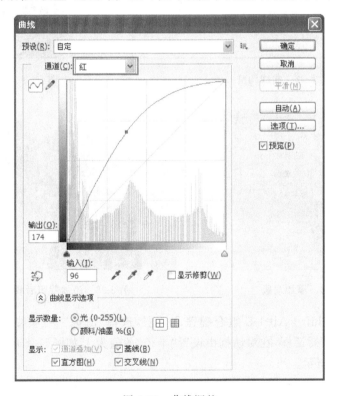

图 5-31　曲线调整

（4）然后打开"曲线"对话框，设置"通道"为"蓝"，在对话框中调整曲线至如图 5-32 所示。单击"确定"按钮，效果如图 5-33 所示。

（5）将前景色设置为浅灰色，单击"图层"调板中的"添加蒙版"按钮 [图标] ，创建图层蒙版（如图 5-34 所示），选取工具箱中的画笔工具 [图标] ，在工具属性栏中设置画笔的大小为 30 像素、"硬度"为 0％。然后在人物图像上进行涂抹，效果如图 5-35 所示。

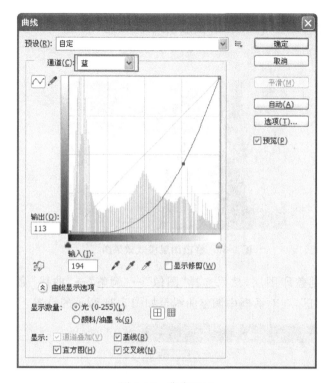

图 5-32　曲线调整

图 5-33　调整效果图

图 5-34　添加蒙版

图 5-35　添加蒙版后效果

　　（6）按 Ctrl＋Shift＋Alt＋E 组合键盖印图层，选择"滤镜"→"模糊"→"高斯模糊"命令，打开"高斯模糊"对话框，在对话框中设置"半径"的值为 4，如图 5-36 所示，单击"确定"按钮，效果如图 5-37 所示。

　　（7）将前景色设置为深灰色，单击"图层"调板中的"添加蒙版"按钮 📷，创建图层蒙版（如图 5-38 所示），选取工具箱中的画笔工具 ✎，在工具属性栏中设置画笔的"大小"为 30 像素、"硬度"为 0％。然后在人物上进行涂抹，效果如图 5-39 所示。

　　（8）将前景色设置为黑色，然后选择渐变工具 ▣，单击"点按可编辑渐变"图标，弹出"渐变编辑器"窗口。设置"前景到透明渐变"选区（如图 5-40 所示），再单击其属性栏中的"径向渐变"按钮 ▣，设置好渐变属性并勾选"反向"选项，将鼠标指针移至图像窗口的中央，并向外围拖动鼠标，绘制出如图 5-41 所示的渐变颜色。

图 5-36 "高斯模糊"对话框

图 5-37 高斯模糊效果

图 5-38 添加蒙版

图 5-39 添加蒙版效果

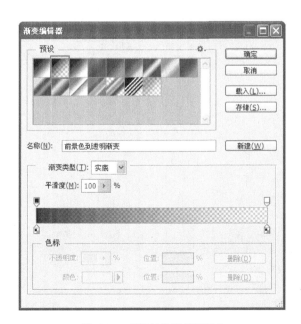

图 5-40 "渐变编辑器"窗口

图 5-41 渐变效果

（9）设置图层模式为"正片叠底"，效果如图 5-42 所示。

图 5-42 "正片叠底"效果

（10）冷色调制作方法大体相同，只需将在打开"曲线"对话框，调整"红"、"蓝"通道线至如图 5-43 所示，最终效果如图 5-44 所示。

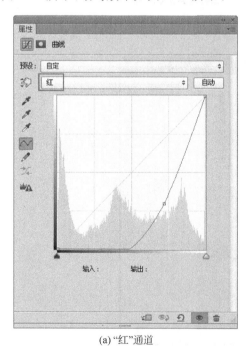

(a)"红"通道

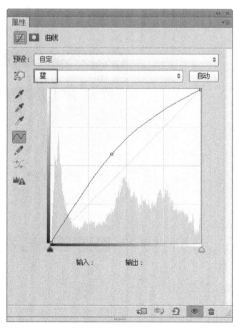

(b)"蓝"通道

图 5-43 曲线调整

图 5-44　冷色效果

5.4　思考与练习

1. 填空题

（1）"色阶"命令用于调整图像的_____、_____和_____的强度级别，从而校正图像的色调范围和色彩平衡。

（2）使用_____命令，可以调整整幅图像或单个颜色分量的色相、饱和度和亮度值，或者同时调整图像中所有颜色。

（3）使用_____命令，可以使用当前颜色通道的混合器修改颜色通道，但在使用该命令时要选择复合通道。

2. 简答题

（1）如果一幅图像中的红色浓度太大，在不影响其他颜色浓度的情况下，可使用什么命令来调整？

（2）"色调分离"与"阈值"命令有什么不同？

（3）匹配颜色图像是如何进行的？

3. 上机练习

（1）运用"渐变映射"命令，制夕阳美景图，如图 5-45 所示。

(a) 原图　　　　　　　　　　　　　　(b) 渐变映射效果

图 5-45　运用"渐变映射"命令制夕阳美景图

（2）运用"色相/饱和度"命令，为衣服换色，如图 5-46 所示。

(a) 原图   (b) 换色效果

图 5-46   衣服换色效果

本章导读

图层在 Photoshop 中占据着极其重要的位置，Photoshop 对图层的管理主要是依靠"图层"调板和"图层"菜单来完成的，用户可借助它们创建、删除、重命名图层，调整图层顺序，创建图层组、图层蒙版，为图层添加效果及合并图层等。

学习重点

✓ 图层基本操作。

✓ 图层蒙版。

6.1　关 于 图 层

"图层"是 Photoshop CS6 的精髓功能之一，也是 Photoshop 系列软件的最大特色。使用图层功能，可以很方便地修改图像，简化图像编辑操作，使图像编辑更具有弹性。

"图层"顾名思义就是图像的层次，在 Photoshop 中可以将图层想象成是一张张叠起来的透明胶片，如果图层上没有图像，就可以一直看到最底下的图层，如图 6-1 所示为一个设计案例中每一个图层的图像，图 6-1(e)和图 6-1(f)所示为该案例效果及其"图层"面板，用户可以通过"图层"面板来调整图层的叠放顺序、图层的不透明度以及混合模式等参数。

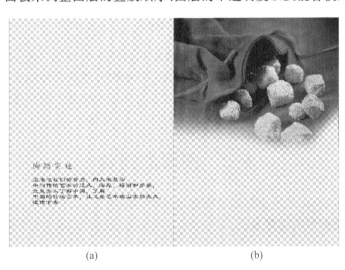

(a)　　　　　　　　　　　　　　(b)

图 6-1　图层示意图

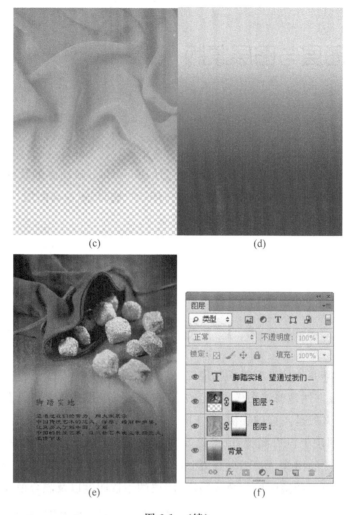

图 6-1 （续）

使用图层绘图的优点在于可以非常方便地在相对独立的情况下对图像进行编辑和修改，可以为不同胶片（即 Photoshop CS6 中的图层）设置混合模式及透明度，也可以通过更改图层的顺序和属性来改变图像的合成效果，而且在对图层中的某个图像进行处理时，不会影响到其他图层中的图像。

6.2　图层的创建

在 Photoshop 中，用户可根据需要创建多种类型的图层，如普通层、文字层、调整层等，本节将具体介绍这些层的创建方法。

6.2.1　创建普通图层

除背景层、形状层、调节层、填充层与文本层以外的图层均为普通层。要创建一个普通图层，可执行下述操作之一。

- 单击"图层"调板中的"创建新图层"按钮 ⬛，此时创建一个完全透明的空图层。
- 选择"图层"→"新建"→"图层"命令菜单也可创建新图层，此时系统将打开"新建图层"对话框，如图 6-2 所示。通过该对话框可设置图层名称、基本颜色、不透明度和色彩混合模式。

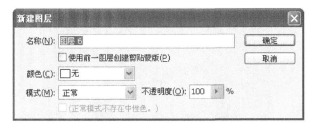

图 6-2 "新建图层"对话框

- 在剪贴板上复制一幅图片后，选择"编辑"→"粘贴"命令也可创建普通图层。
- 若选择"编辑"→"选择性粘贴"→"粘入"命令，则可创建带蒙版的图层。

提示：
新建图层总位于当前层之上，并自动成为当前层。
只能在背景层与普通层上使用"画笔"、"铅笔"、"图章"、"渐变"、"油漆桶"等绘画和修饰工具进行绘画。

6.2.2 创建文本图层

用户在图像中输入文字的同时，也就创建了文本层。尽管用户可随时编辑文本中的文本，但大部分绘图工具和图像编辑功能却不能用于文本层。因此，用户要想对文本层进行一些特殊处理（如进行色调调整、执行滤镜等），需首先将其转换为普通层。

动手练习——文本图层效果

（1）按 Ctrl＋O 组合键，打开素材图像，如图 6-3 所示。

图 6-3 素材图像

（2）在工具箱中选择"横排文字"工具 T.，并在图像窗口中单击输入文字，输入文字后单击文字工具属性栏中的 ✓ 按钮进行确认，即在图层调板中创建了文字层，如图6-4所示。

图6-4　输入文字

（3）在"图层"调板中选中该文本层，然后选择"图层"→"栅格化"→"文字"命令，即将文本层转换为普通层，此时"图层"调板中的文字层列表右侧的"T"消失，如图6-5所示。

（4）选择"图层"→"图层样式"→"投影"命令，参数设置如图6-6所示。

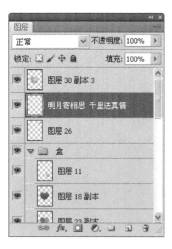

图6-5　栅格化文字

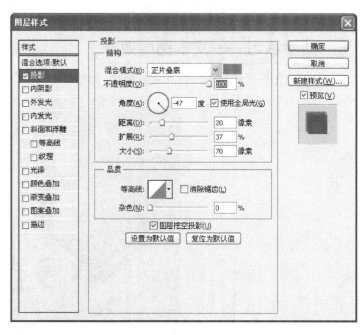

图6-6　"投影"对话框

（5）单击"确定"按钮，效果如图 6-7 所示。

图 6-7 最终效果

提示：文本层一旦转换为普通层后，将无法再将其转换为文本层，也不能再进行文本编辑。

6.2.3 创建调整图层

利用调整图层，可将使用"曲线"、"颜色平衡"等命令制作的效果单独放在一个层中，而不真正改变源图层中的图像。调整层可应用于单个或几个图层中，若要撤销对某一图层的调整效果，可将该层移到调节层上方；若要撤销对所有图层的调整效果，只需要简单地打开或关闭调整层即可。

动手练习——调整图层效果

（1）按 Ctrl＋O 组合键，打开素材图像，如图 6-8 所示。

图 6-8 素材图像

（2）单击选中"背景"，然后单击"图层"调板下方的 按钮，在弹出的下拉菜单中选择"曲线"，利用"曲线"对话框对图像进行调整（如图 6-9 所示），单击"确定"按钮，效果如图 6-10 所示。

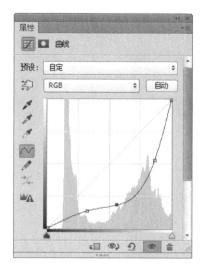

图 6-9 "曲线"对话框 　　　　　　　　图 6-10 最终效果

提示:

从图 6-9 可以看出,新的调整图层自动插入到当前图层的上一层,它也是一个带蒙版的图层。因此,用户可直接编辑其中的蒙版。

6.2.4 创建填充图层

填充层是一种带"蒙版"的"图层",其内容可为实色、渐变色或图案。填充层的特点如下。

- 可以随进更换其内容。
- 可以将其转换为调节层。
- 可以通过编辑蒙版制作融合效果。

动手练习——填充图层效果

(1) 按 Ctrl+O 组合键,打开素材图像,如图 6-11 所示。

图 6-11 素材图像

（2）单击"图层"调板下方的 按钮，在弹出的菜单中选择"渐变"命令，在打开的"渐变填充"对话框中设置"渐变"由黄色到透明色，其他参数设置如图 6-12 所示。

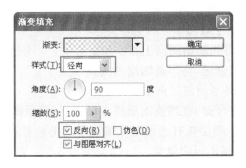

图 6-12　"渐变填充"对话框

（3）单击"确定"按钮，此时画面及"图层"调板如图 6-13 所示。由该图可以看出，此时填充图层的"蒙版"处于编辑状态，效果如图 6-14 所示。

图 6-13　"图层"调板

图 6-14　最终效果

6.3　图层的高级操作

图层的高级操作主要是调整图层和图层组的顺序、链接和合并图层，以及对齐和分布图层。下面将分别进行介绍。

6.3.1　调整图层顺序

"图层"调板中图层或图层组的堆叠顺序决定其内容出现在当前图像的前面还是后面。

使用命令调整图层顺序

使用命令调整图层顺序有以下 4 种方法。

- 单击"图层"→"排列"→"置为顶层"命令，将当前图层置为最顶层。
- 单击"图层"→"排列"→"前移一层"命令，将当前图层向上移一层。
- 单击"图层"→"排列"→"后移一层"命令，将当前图层向下移一层。

• 单击"图层"→"排列"→"置为底层"命令,将当前图层置为最底层(背景图层的上方)。

 使用快捷键调整图层顺序

使用快捷键调整图层顺序有以下 4 种方法。

• 按 Ctrl+]组合键,将当前图层向上移一层。

• 按 Shift+Ctrl+]组合键,将当前图层置为最顶层。

• 按 Ctrl+[组合键,将当前图层向下移一层。

• 按 Shift+Ctrl+[组合键,将当前图层置为最底层(背景图层的上方)。

由于 Photoshop CS6 中图层具有上层图像覆盖下层的特性,因此在某些情况下需要改变图层间的上下顺序,以取得不同的效果。

 使用鼠标拖曳调整图层顺序

在"图层"调板中选择需要移动的图层,按住鼠标左键不放并进行上下拖动,即可移动"图层"调板中的图层,如图 6-15 所示。

(a) 原图层   (b) 调整图层

图 6-15   移动"图层"调板中的图层

调整图层顺序前后的效果如图 6-16 所示。

(a) 原图   (b) 调整图层后的效果

图 6-16   原图像和调整图层顺序后的对比效果

6.3.2 链接图层

Photoshop CS6 允许将多个图层链接在一起,这样就可以作为一个整体进行移动、变换以及创建剪贴蒙版等操作。

链接图层有以下 4 种方法。

- 按钮:选中需要链接的图层,单击"图层"调板底部的"链接图层"按钮,此时,该调板中被连接的图层中将显示一个链接图标,如图 6-17 所示。

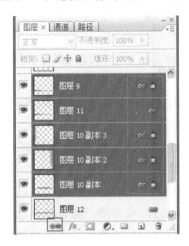

图 6-17　链接图层

- 命令:选中需要链接的图层,单击"图层"→"链接图层"命令,即可将所选择的图层进行链接。
- 快捷菜单:在"图层"调板中选中需链接的图层,单击鼠标右键,在弹出的快捷菜单中选择"链接图层"选项,即可链接图层。
- 调板菜单:选中需要链接的图层,单击"图层"调板右上角的三角形按钮,在弹出的调板菜单中选择"链接图层"选项,即可链接图层。

6.3.3 合并图层

在处理图像文件时,常常会创建许多图层,这样会使图像文件占用磁盘的空间增加。因此,当确定图层的内容后,就可以将一些不必要单独存在的图层进行合并,这样有助于减小图像文件的大小。在合并后的图层中,所有图层透明区域的交叠部分都会保持透明。

 使用命令合并图层

使用命令合并图层有以下三种方法。

- 单击"图层"→"向下合并"命令,"图层"调板中的当前图层将与其下一个图层进行合并。
- 单击"图层"→"合并可见图层"命令,可以将"图层"调板中所有显示的图层进行合并。

- 单击"图层"→"拼合图像"命令,可以将"图层"调板中所有显示的图层进行合并。

 使用快捷菜单合并图层

使用快捷菜单合并图层有以下两种方法。

- 按 Ctrl+E 组合键,可以将"图层"调板中的当前图层与其下一个图层进行合并。
- 按 Shift+Ctrl+E 组合键,可以将"图层"调板中的可见图层进行合并。

 使用调板菜单合并图层

使用调板菜单合并图层有以下三种方法。

- 单击"图层"调板右上角的三角形按钮,在弹出的调板菜单中选择"向下合并"选项,即可将当前图层与其下一个图层进行合并。
- 单击"图层"调板右上角的三角形按钮,在弹出的调板菜单中选择"合并可见图层"选项,即可将所有可见的图层进行合并。
- 单击"图层"调板右上角的三角形按钮,在弹出的调板菜单中选择"拼合图像"选项,即可将所有的图层进行合并。

通道和蒙版是 Photoshop 中的重要功能,使用通道可以保存图像颜色信息,可以用来制作精确的选区并对选区进行各种处理,或者使用滤镜对单色通道进行各种艺术效果的处理。通道和蒙版结合起来使用,可以简化对相同选区的重复操作,使用蒙版可将以各种形式建立的选区进行保存。

6.4 图 层 蒙 版

在 Photoshop CS6 中,蒙版存储在 Alpha 通道中。蒙版和通道都是灰度图像,因此可以像编辑其他图像那样进行编辑。对蒙版和通道而言,绘制的黑色区域会受到保护,绘制的白色区域则可以进行编辑。

6.4.1 图层蒙版的建立与使用

图层蒙版是 Photoshop 中一项方便实用的功能,它是建立在当前图层上的一个遮罩,用于遮盖当前图层中不需要的图像,从而控制图像的显示范围,以制作图像融合效果。

在 Photoshop CS6 中,图层蒙版被分成了两类:一类为普通的图层蒙版,一类为矢量图层蒙版。其中,图层蒙版实际上是一幅 256 色的灰度图像,其白色区域为完全透明区,黑色区域为完全不透明区,其他灰色区域为半透明区。对于矢量蒙版而言,其内容为一个矢量图形。

创建图层蒙版的方法有以下几种。

- 如果当前图层为普通图层(不是背景图层),可直接在"图层"调板中单击"添加图层蒙版"按钮 ◙,此时系统将为当前图层创建一个空白蒙版,如图 6-18 所示。

单击蒙版缩览图即可
进行蒙版编辑

图 6-18　创建空白蒙版

动手练习——图层蒙版效果

（1）按 Ctrl＋O 组合键，打开背景素材图像，如图 6-19 所示。

图 6-19　素材图像

（2）按 Ctrl＋O 组合键，打开人物素材 1，并将其调入背景素材中，调整其大小及位置，如图 6-20 所示。

图 6-20　调入人物素材 1

（3）单击"图层"调板中的"添加蒙版"按钮 ，创建图层蒙版，设置前景色为黑色；选取工具箱中的画笔工具 ✎，在工具属性栏中设置画笔的"大小"为 50 像素、"硬度"为 0%。然后在调入的人物图像上涂抹白色边缘（如图 6-21 所示），效果如图 6-22 所示。

图 6-21 图层蒙版

图 6-22 添加图层蒙版效果

（4）用同样的方法制作人物素材 2，效果如图 6-23 所示。

图 6-23 调入人物素材 2

（5）打开人物素材 3，单击"选择"→"全部"命令，全选图像，然后单击"编辑"→"复制"命令，复制选区内的图像。按 Ctrl＋Tab 组合键切换至背景素材图像编辑窗口，新建图层，选取选择矩形选框工具，框选白色的框。单击"编辑"→"选择性粘贴"→"贴入"命令，贴入复制的图像，如图 6-24 所示，此时，"图层"调板中自动生成一个剪贴蒙版图层（如图 6-25 所示）。

图 6-24 贴入效果

图 6-25 剪贴蒙版图层

（6）选取工具箱中的移动工具，将贴入的图像向下移动，如图 6-26 所示。

图 6-26　移动图像效果

（7）用同样的方法将其他两个人物素材贴入矩形框中，效果如图 6-27 所示。

图 6-27　贴入其他人物素材效果

（8）按 Ctrl＋O 组合键，打开人物素材 5，并将其调入背景素材中，调整其大小及位置如图 6-28 所示。

图 6-28　调入人物素材 5 效果

（9）单击"图层"调板中的"添加蒙版"按钮 ，创建图层蒙版，设置前景色为黑色；选取工具箱中的画笔工具 ，在工具属性栏中设置画笔的"大小"为 50 像素、"硬度"为 0％。然后在调入的人物图像上进行涂抹，效果如图 6-29 所示。

图 6-29　添加蒙版效果

（10）在图层面板中，设置图层"不透明度"为 25％（如图 6-30 所示），效果如图 6-31 所示。

图 6-30　设置图层"不透明度"　　　　　　　　　图 6-31　最终效果

- 使用"图层"→"图层蒙版"菜单中的各命令也可以制作图层蒙版，如图 6-32 所示。
- 选择"编辑"→"选择性粘贴"→"贴入"命令，可创建图层蒙版。

将图层中的图像全部显示，即制作一个全白蒙版

将图层中的图像全部隐藏，即制作一个全黑蒙版

只显示选区中的图像，即根据选区制作蒙版

隐藏选区中的图像，即根据选区反转后的结果制作蒙版

图 6-32　"图层蒙版"菜单中的命令

（1）按 Ctrl＋O 组合键，打开楼阁和云素材图片，如图 6-33 所示。

(a) 素材1

(b) 素材2

图 6-33　素材图片

（2）确认"云"素材图片为当前工作图像，单击"选择"→"全部"命令，全选图像；单击"编辑"→"复制"命令，复制选区内的图像。

（3）按 Ctrl＋Tab 组合键切换至"楼阁"素材图像编辑窗口，选取选择魔棒工具 ，在图像楼阁的天空中单击创建如图 6-34 所示选区。

图 6-34　创建选区

（4）单击"编辑"→"选择性粘贴"→"贴入"命令，贴入复制的图像，如图 6-35 所示，此时，"图层"调板中自动生成一个剪贴蒙版图层（如图 6-36 所示）。

图 6-35　粘贴入效果

图 6-36　剪贴蒙版图层

170

6.4.2 蒙版转换为通道

将快速蒙版切换为标准模式后，单击"选择"→"存储选区"命令，弹出"存储选区"对话框，如图 6-37 所示。采用默认设置，单击"确定"按钮，即可将临时蒙版创建的选区转换为永久性的 Alpha 通道，如图 6-38 所示。

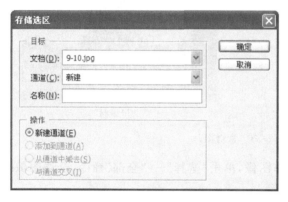

图 6-37 "存储选区"对话框   图 6-38 创建 Alpha 通道

6.4.3 使用图层蒙版合成图像

使用 Alpha 通道可以存储和载入选区，可以使用任何一种编辑工具来编辑 Alpha 通道。在"通道"调板中选中通道时，前景色和背景色以灰度值显示。相对于快速蒙版模式，临时蒙版可将选区存储为 Alpha 通道创建永久的蒙版。可以重新使用存储的选区，也可以将它们载入到另一个图像中。

将通道创建的复杂选区载入到图像中后，可以将选区转换为蒙版。

● 动手练习——蒙版合成图像效果

（1）单击"文件"→"打开"命令，打开两张风景素材图片，如图 6-39 所示。

(a) 素材1   (b) 素材2

图 6-39 素材图片

（2）确定气球素材图像为当前图像，选取工具箱中的移动工具，将气球图像移至草原素材图像窗口中，并调整其大小及位置，效果如图 6-40 所示。

（3）单击"图层"调板底部的"添加图层蒙版"按钮，对其添加图层蒙版，选择渐变工具

,用黑白线性渐变从上向下绘制渐变(如图 6-41 所示),得到的效果如图 6-42 所示。

图 6-40　调整图像大小　　　　　　　图 6-41　图层蒙版

图 6-42　编辑图层蒙版后的效果

6.5　实 例 演 练

地产广告设计制作

本案例以中国水墨元素为主体,广告宁静而主题突出,效果如图 6-43 所示。

(1) 选择"文件"→"新建"命令,在打开的"新建"对话框中设置"名称"为"地产广告"、"宽度"为 20 厘米、"高度"为 30 厘米、"分辨率"为 72 像素/英寸、"颜色模式"为"RGB 颜色"、"背景内容"为白色,如图 6-44 所示。设置完成后单击"确定"按钮,创建一个新文件。

(2) 按 Ctrl＋O 组合键,打开风景素材图像,将其调入图像中,调整其大小及位置,效果如图 6-45 所示。

(3) 单击"图层"调板中的"添加蒙版"按钮 ,创建图层蒙版,选择渐变工具 ,黑白线性渐变填充蒙版并将图层模式设置为"正片叠底"(如图 6-46 所示),效果如图 6-47 所示。

171

图 6-43　效果图

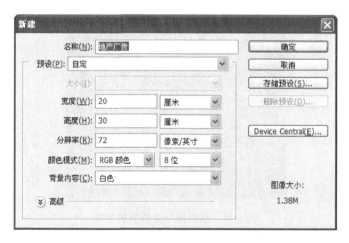

图 6-44　新建文件

图 6-45　调入风景素材

图 6-46　图层模式

（4）将图层进行复制，单击"编辑"→"变换"→"垂直翻转"命令，垂直翻转效果如图 6-48 所示。

图 6-47　设置"正片叠底"效果　　　　　图 6-48　垂直翻转效果

（5）按 Ctrl＋O 组合键，打开墨迹素材图像，调整其大小及位置，然后设置图层模式为"正片叠底"，效果如图 6-49 所示。

（6）按 Ctrl＋O 组合键，打开荷叶素材图像，调整其大小及位置（如图 6-50 所示），然后设置图层模式为"叠加"，效果如图 6-51 所示。

图 6-49　图层模式效果　　　　　　　图 6-50　调入荷叶素材

（7）选择墨迹图层，按住 Ctrl 键单击其图层缩览图，选取该图层，然后选择荷叶图层，单击"图层"调板底部的"添加图层蒙版"按钮，对其添加图层蒙版（如图 6-52 所示），效果如图 6-53 所示。

（8）按 Ctrl＋O 组合键，打开荷花素材图像，调整其大小及位置（如图 6-54 所示）。

（9）将文字标志调入图像中，调整其大小及位置，如图 6-55 所示。

（10）选择工具箱中的"文本"工具，输入相关的文字，最终效果如图 6-43 所示。

173

图 6-51 "叠加"图层模式效果

图 6-52 图层蒙版

图 6-53 添加图层蒙版效果

图 6-54 调入素材

图 6-55 效果图

6.6　思考与练习

1. 填空题

（1）按住_____键的同时，双击"图层"调板的当前图层，即可将背景图层转换为普通图层。

（2）_____图层是一种最常用的图层，该类型的图层完全透明，在普通图层上用户可以进行各种图像编辑操作。

2. 简答题

（1）如何将背景图层与普通图层互相转换？

（2）创建图层有哪几种方法？

3. 上机练习

（1）制作如图 6-56 所示的图片效果。

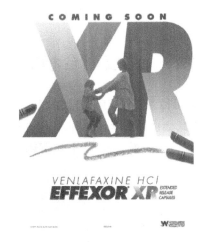

图 6-56　效果图

（2）制作如图 6-57 所示的图片效果。

图 6-57　效果图

第7章 图层的高级应用

本章导读

图层的混合模式、图层样式、调整图层的出现是 Photoshop 一个划时代的进步。在 Photoshop 中,使用图层配合调整图层、图层蒙版,创造特殊的图像效果,其方便程度甚至比特效本身更令人惊讶。

学习重点

✓ 图层混合模式。

✓ 图层样式。

7.1 图层混合模式

Photoshop CS6 提供了多种可以直接应用于图层的混合模式,不同的颜色混合将产生不同的效果,适当地使用混合模式会使图像呈现出意想不到的效果。

在"图层"调板中,单击"设置图层的混合模式"下拉按钮,在弹出的下拉列表中可以选择各种混合模式,如图 7-1 所示。

图 7-1 混合模式选项

各混合模式的含义如下。

- 正常：该模式是 Photoshop CS6 的默认模式，选择该模式，上方图层中的图像将完全覆盖下方图层中的图像，只有当上方图层的不透明度小于 100％时，下方的图层内容才会显示出来，如图 7-2 所示。

(a) 原图   (b) 调整不透明度效果

图 7-2　原图与调整不透明效果

- 溶解：在图层完全不透明的情况下，选择该模式与选择正常模式得到的效果完全相同。但当降低图层的不透明度时，图层像素不是逐渐透明化，而是某些像素透明、其他像素则完全不透明，从而得到颗粒化效果。
- 变暗：将显示上方图层与下方图层，比较暗的颜色作为像素的最终颜色，一切亮于下方图层的颜色将被替换，暗于底色的颜色将保持不变。
- 正片叠底：将当前图层颜色像素值与下一图层同一位置像素值相乘，再除以 255，得到的效果会比原来图层暗很多，如图 7-3 所示。

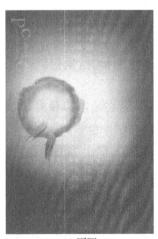

(a) 原图   (b) 设置"正片叠底"效果

图 7-3　原图与"正片叠底"模式

- 颜色加深：该模式通过查看每个通道的颜色信息，增加对比度以加深图像的颜色，用于创建暗的阴影效果。
- 线性加深：用于查看每个通道的信息，不同的是，它是通过降低亮度使下一图层的颜色变暗，从而反衬当前图层的颜色，下方图层与白色混合时没有变化。
- 深色：该模式是 Photoshop CS6 的新增功能，在绘制图像时，系统会将像素的暗调降低，以显示绘图颜色，若用白色绘图将不改变图像色彩。
- 变亮：以较亮的像素代替下方图层中与之相对应的较暗像素，且下方图层中的较亮区域将代替画笔中的较暗区域，叠加后整体图像呈亮色调。
- 滤色：该模式与"正片叠底"模式正好相反，它是将绘制的颜色与底色的互补色相乘，再除以 255 得到的结果作为最终混合效果，该模式转换后的颜色通常很浅，如图 7-4 所示。

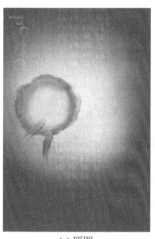 

(a) 原图   (b) 设置"滤色"效果

图 7-4 原图与"滤色"模式

- 颜色减淡：该模式查看每个颜色通道的颜色信息，通过增加对比度从而使颜色变亮，使用该模式可以生成非常亮的合成效果。
- 线性减淡(添加)：该模式查看每个颜色通道的信息，通过降低亮度使颜色变亮，而且呈线性混合。
- 线色：该模式是 Photoshop CS6 的新增功能，在绘制图像时，系统将像素的亮度提高，以显示绘图颜色，若用黑色绘图将不改变图像色彩。
- 叠加：该模式图像的最终效果取决于下方图层，但上方图层的明暗对比效果也将直接影响到整体效果，叠加后下方图层的亮度区与阴影区仍被保留。
- 柔光：该模式用于调整绘图颜色的灰度，如图 7-5 所示。当绘图颜色灰度小于 50% 时，图像将变亮，反之则变暗。
- 强光：该模型根据混合色的不同，从而使像素变亮或变暗。若混合色大于 50% 的灰度亮，则原图像变亮；若混合色小于 50% 的灰度暗，则原图像变暗。该模式特别适用于为图像增加暗调。

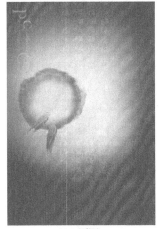 

(a) 原图　　　　　　　　　(b) 设置"柔光"效果

图 7-5　原图与"柔光"模式

- 亮光：若图像的混合比 50％灰度亮，系统将通过降低对比度来加亮图像；反之，则通过提高对比度来使图像变暗。
- 线性光：若图像的混合色比 50％灰度亮，系统将通过提高对比度来加亮图像；反之，通过降低对比度来使图像变暗，如图 7-6 所示。

(a) 原图　　　　　　　　　(b) 设置"线性光"效果

图 7-6　原图与"线性光"模式

- 点光：该模式根据颜色亮度将上方图层颜色替换为下方图层颜色。若上方图层颜色比 50％的灰度高，则上方图层的颜色被下方图层的颜色取代，否则保持不变。
- 实色混合：该模式将会根据上下两个图层中图像的颜色分布情况，取两者的中间值，对图像中相交的部分进行填充。运用该模式可以制作出强对比度的色块效果。
- 差值：该模式将以绘图颜色和底色中较亮的颜色减去较暗颜色的亮度作为图像的亮度，因此，绘制颜色为白色时可使底色反相，绘制颜色为黑色时原图不变。

- 排除：该模式将与"差值"模式相似但对比度较低的效果排除。
- 色相：该模式混合后的图像亮度和饱和度由底色来决定，但色相由绘制颜色决定，如图7-7所示。

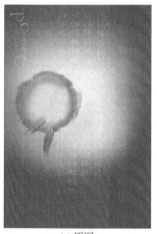 

(a) 原图　　　　　　　　　　　(b) 设置"色相"效果

图 7-7　原图与"色相"模式

- 饱和度：该模式是将下方图层的亮度和色相值与当前图层饱和度进行混合，效果如图7-8所示。若当前图层的饱和度为0，则原图像的饱和度也为0，混合后亮度和色相与下方图层相同。

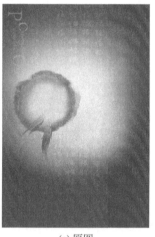 

(a) 原图　　　　　　　　　　　(b) 设置"饱和度"效果

图 7-8　原图与"饱和度"模式

- 颜色：该模式采用底色的亮度及上方图层的色相饱和度的混合作为最终色。可保留原图的灰阶，对图像的色彩微调非常有帮助。
- 明度：该模式最终图像的像素值由下方图层的色相/饱和度值及上方图层的亮度构成。

（1）按 Ctrl＋O 组合键，打开背景素材图片，如图 7-9 所示。

（2）打开风景素材图片，将其调入背景中并调整其大小及位置，如图 7-10 所示。

图 7-9　背景素材图片　　　　图 7-10　调入背景素材

（3）在"图层"调板中，单击"设置图层的混合模式"下拉按钮，在弹出的下拉列表中选择"明度"混合模式，如图 7-11 所示，效果如图 7-12 所示。

图 7-11　设置图层模式　　　　图 7-12　"明度"混合模式效果

（4）打开圆形图案素材图像，将其调入背景中并调整其大小及位置，如图 7-13 所示。

（5）单击"图层"调板中的"添加蒙版"按钮 ，创建图层蒙版，选择渐变工具 ，用黑白线性渐变从下向上拖曳，然后将图层模式设置为"颜色减淡"（如图 7-14 所示），效果如图 7-15 所示。

图 7-13　调入图案素材　　　　　　　　　图 7-14　图层蒙版

（6）打开文字素材图像，将其调入背景中并调整其大小及位置，然后将图层模式设置为"叠加"，效果如图 7-16 所示。

图 7-15　"颜色减淡"模式效果　　　　　　图 7-16　"叠加"模式效果

（7）单击"图层"调板底部的"添加图层样式"按钮 ，并在弹出的下拉菜单中选择"投影"选项，设置弹出的对话框如图 7-17 所示，得到如图 7-18 所示的效果。

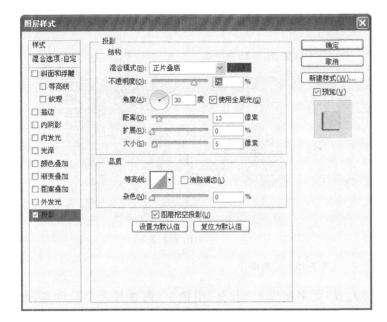

图 7-17　"投影"选项　　　　　　　　图 7-18　最终效果

7.2　图层样式

图层样式是 Photoshop CS6 中一个非常实用的功能,使用样式可以改变图层内容的外观,轻松制作出各种图像特效,从而使作品更具视觉魅力。

单击"图层"调板底部的"添加图层样式"按钮 *fx*,在弹出的下拉菜单中选择相应选项,即可快速地制作出各种图层样式,如阴影、发光和浮雕等。在 Photoshop CS6 中,所有图层效果都被放在"图层"调板中,用户可以像操作图层那样随时打开、关闭、删除或修改这些效果。

7.2.1　图层样式类型

为了使用户在处理图像过程中得到更加理想的效果,Photoshop CS6 提供了 10 种图层样式,如投影、发光、斜面和浮雕等样式,用户可以根据实际需要,应用其中的一种或多种样式,从而制作出特殊的图像效果。

 投影样式

为图像制作阴影效果是进行图像处理时经常使用的方法。通过制作阴影,可以使图像产生立体或透视效果。

Photoshop CS6 为用户提供了两种制作阴影的方法,即内部阴影和外部阴影。下面通过一个实例来介绍阴影的制作方法。

动手练习——投影效果

（1）按 Ctrl＋O 组合键，打开素材图像，如图 7-19 所示。

(a) 素材1　　　　　　　　　　　　　　　　(b) 素材2

图 7-19　素材图像

（2）用移动工具将"七夕情人节"文字拖曳至"七夕"图像中，调整其大小及位置，如图 7-20 所示。

（3）将"七夕情人节"文字层设置为当前图层，然后单击"图层"调板底部的"添加图层样式"按钮 **fx.**，并在弹出的下拉菜单中选择"投影"选项，如图 7-21 所示。

图 7-20　调入素材图像　　　　　　　　图 7-21　选择"投影"选项

（4）在打开的"图层样式"对话框中，参照如图 7-22 所示的模式、颜色、不透明度、角度、距离及扩展等参数进行相应的设置。

（5）设置好参数后，单击"确定"按钮关闭对话框，其效果如图 7-23(a)所示。从图 7-23(b)

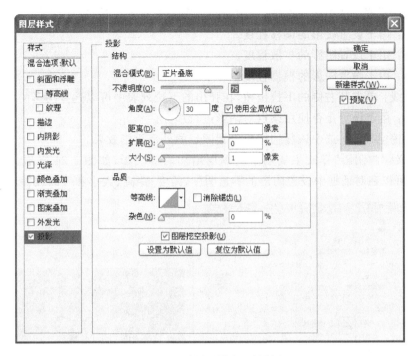

图 7-22 "图层样式"对话框

所示的"图层"调板中可看出,添加投影效果后的文本图层右侧出现了两个符号:_fx_.和 ▲ 。其中 _fx_.符号表明已对该图层执行了效果处理,以后要修改效果时,只需双击该符号即可;单击 ▲ 符号,则可打开或关闭用于该图层的效果下拉列表。

(a) 图层效果

(b) 图层面板

图 7-23 投影效果

"图层样式"对话框中各选项的含义如下。

- 混合模式:在其下拉列表框中可以选择所加阴影与原图层图像合成的模式。若单击其右侧的色块,则可在弹出的"拾色器"对话框中设置阴影的颜色。
- 不透明度:用于设置投影的不透明度。

- 使用全局光：选中该复选框，表示为同一图像中的所有图层使用相同的光照角度。
- 距离：用于设置投影的偏移程度。
- 扩展：用于设置阴影的扩散程度。
- 大小：用于设置阴影的模糊程度。
- 等高线：单击其右侧的下拉按钮，在弹出的下拉列表中可以选择阴影的轮廓。
- 杂色：用于设置是否使用杂点对阴影进行填充。
- 图层挖空投影：选中该复选框可设置图层的外部投影效果。

顾名思义，"内阴影"样式主要用于为图层增加内部阴影，如图 7-24 所示。选择"内阴影"样式后，可以在对话框中设置阴影的不透明度、角度、距离、大小和等高线等。

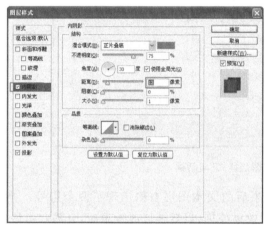

(a)"内阴影"对话框   (b)内阴影效果

图 7-24   应用"内阴影"样式的效果

> 提示：
> 为图层设置样式后，要打开或关闭某种效果，只需在"图层"调板中单击样式名称左侧的 👁 图标即可。

 斜面和浮雕样式

斜面和浮雕样式可以说是 Photoshop 中最复杂的图层样式，其中包括内斜面、外斜面、浮雕效果、枕形浮雕和描边浮雕几种。虽然每一种样式所包含的选项都是一样的，但是制作出的效果却大相径庭。

单击"图层"调板底部的"添加图层样式"按钮 ***fx.***，在弹出的下拉菜单中选择"斜面和浮雕"选项，打开"图层样式"对话框，如图 7-25 所示。

其中各选项的含义如下。

- 样式：在其下拉列表中可选择浮雕的样式，其中包括"外斜面"、"内斜面"、"浮雕效果"、"枕状浮雕"和"描边浮雕"等选项。
- 方法：在其下拉列表中可选择浮雕的平滑特性，其中包括"平滑"、"雕刻清晰"和"雕刻柔和"等选项。

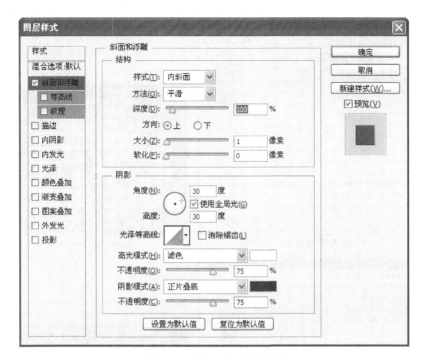

图 7-25 "斜面和浮雕"样式

- 深度：用于设置斜面和浮雕效果深浅的程度。
- 方向：用于切换亮部和暗部的方向。
- 软化：用于设置效果的柔和度。
- 光泽等高线：用于选择光线的轮廓。
- 高光模式：用于设置高光区域的模式。
- 阴影模式：用于设置暗部的模式。

如图 7-26 所示即为对文本图层应用内斜面、外斜面和浮雕效果。

(a) 内斜面效果

(b) 外斜面效果

(c) 浮雕效果

图 7-26　文字的内斜面、外斜面及浮雕效果

此外，选中"斜面和浮雕"选项下的"等高线"复选框，可设置等高线效果；选中"纹理"复选框，可设置纹理效果，如图 7-27 所示。

 光样式与光泽样式

在图层样式列表中，如果选择"外发光"或"内发光"选项，还可为图像增加外发光效果或内发光效果。若选择"光泽"选项，则可为图像增加类似光泽的效果，如图 7-28 所示。

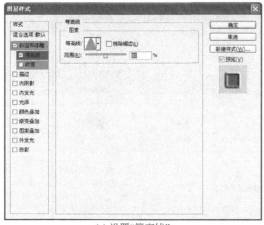

(a) 设置"等高线"

(b) 设置"等高线"效果

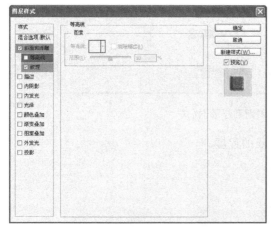

(c) 设置"纹理"

(d) 设置"纹理"效果

图 7-27 设置"等高线"和"纹理"选项

(a) 内发光效果

(b) 外发光效果

(c) 光泽效果

图 7-28 应用发光样式与光泽样式的效果

动手练习——图层样式效果

（1）按 Ctrl＋N 组合键新建一个文件，在弹出的对话框中分别设置"宽度"和"高度"为900、700 像素，"分辨率"为 72 像素/英寸，"颜色模式"为"RGB 颜色"、"背景内容"为白色，单击"确定"按钮，新建文件。

（2）选择渐变工具 并设置其渐变样本为"深灰—浅灰—深灰"，从图像的左侧至右绘制渐变，效果如图 7-29 所示。

图 7-29　渐变填充

（3）打开"标志"素材文件，用移动工具将其拖曳至新建文件中，得到"图层 1"，调整其大小及位置，如图 7-30 所示。

图 7-30　调入标志素材

（4）设置"图层 1"的"填充"数值为 10%，得到如图 7-31 所示的效果。

图 7-31　修改图层"填充"数值

（5）单击"图层"调板底部的"添加图层样式"按钮 𝒇𝒙.，并在弹出的下拉菜单中选择"斜面和浮雕"选项，设置弹出的对话框如图 7-32 所示，得到如图 7-33 所示的效果。

（6）设置前景色为白色，选择"文本"工具并设置适当的字体和字号，在图像中输入"APPLE"，如图 7-34 所示。

（7）单击"图层"调板底部的"添加图层样式"按钮 𝒇𝒙.，并在弹出的下拉菜单中选择"渐变叠加"选项，设置弹出的对话框如图 7-35 所示，得到如图 7-36 所示的效果。

（8）在"图层样式"对话框中选择"斜面和浮雕"选项并设置其对话框如图 7-37 所示，此时得到如图 7-38 所示的效果。

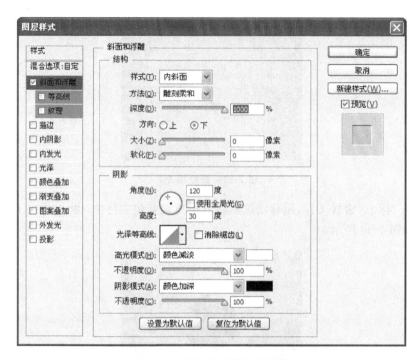

图 7-32 "斜面和浮雕"对话框

图 7-33 浮雕效果

图 7-34 输入文字

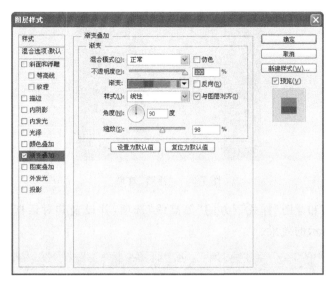

图 7-35 "渐变叠加"对话框

图 7-36 "渐变叠加"效果

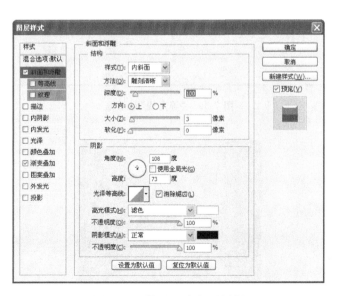

图 7-37 "斜面和浮雕"对话框

图 7-38 "浮雕"效果

（9）选择"斜面和浮雕"样式下方的"等高线"选项，并设置其对话框如图 7-39 所示，此时得到如图 7-40 所示的效果。

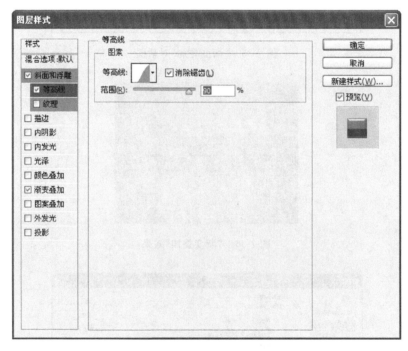

图 7-39 "等高线"对话框

图 7-40 "等高线"效果

（10）在"图层样式"对话框中选择"投影"选项并设置其对话框如图 7-41 所示，此时得到如图 7-42 所示的效果。

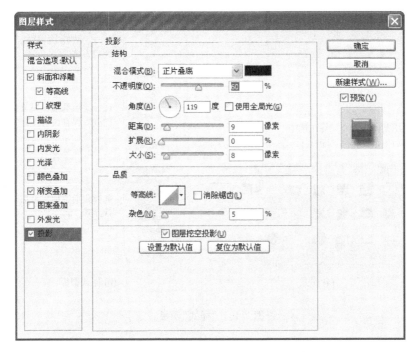

图 7-41 "投影"对话框

图 7-42 最终效果

7.2.2 样式调板

为了方便用户，Photoshop 还为用户提供了一组内置样式，它们实际上就是"投影"、"内阴影"等样式的组合。

要使用这些样式，可以选择"窗口"→"样式"命令，打开"样式"调板，如图 7-43 所示。在"样式"调板中单击相应的样式，即可直接将其应用到当前图层或选择的图层中。单击"样式"调板右上角的 ▼≡ 按钮，在弹出的控制菜单中可以载入更多的样式。

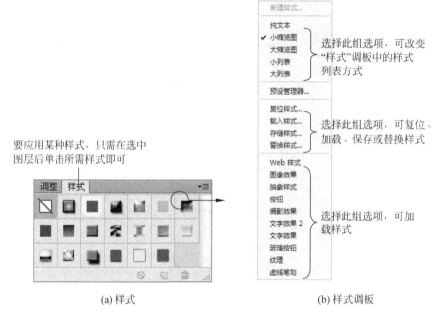

要应用某种样式，只需在选中
图层后单击所需样式即可

(a) 样式　　　　　　　　　　(b) 样式调板

图 7-43　"样式"调板

7.2.3　清除与开/关图层样式

制作好样式之后，可以将样式保存在"样式"调板中，其具体操作步骤如下。

（1）为图层设置了某一样式后，单击"样式"调板的空白处，或者单击"样式"调板右上角的 ▼≡ 按钮，然后在弹出的控制菜单中选择"新建样式"选项，打开"新建样式"对话框，如图 7-44 所示。

图 7-44　"新建样式"对话框

（2）在"新建样式"对话框中输入样式名称并选择设置项目，单击"确定"按钮，即可将设置的样式保存在"样式"调板中。

此外，用鼠标右键单击图层中的 *fx* 符号，在弹出的下拉菜单中选择相应选项，还可以复制、粘贴、清除图层样式，或创建带样式的新图层等，如图 7-45 所示。

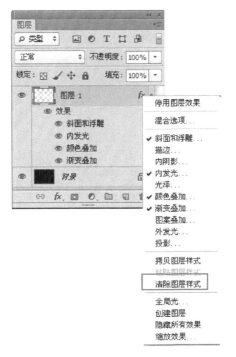

图 7-45　复制、清除图层样式

7.3　图层组和剪辑组的使用

图层组是多个图层的组合，它可以方便地对众多的图层进行管理，并对图层组中的所有图层进行统一的设置；而剪辑组是另一种形式的图层组，不过这种组合的目的不是操作上的统一或管理上的方便，而是为了使用组中的最底层来剪切上面的各图层。

利用图层组可以方便地对一组图层进行统一管理，如设置图层混合模式、不透明度及锁定设置等。

动手练习——创建图层组

(1) 打开地产广告.psd 文件，该图像文件包含多个图层，如图 7-46 所示。

(2) 单击"图层"调板中的"创建新组"按钮 ▭，在所有图层之上创建一个图层组，并且 Photoshop 自动将其命名为"组 1"，如图 7-47 所示。

(3) 创建好图层组后就可以将背景图层之外的其他图层拖放到图层组（序列）中了，并且这些图层将作为图层组的子图层，如图 7-48(a) 所示。单击组合图层左侧的 ▼ 按钮，可以折叠或展开图层组以充分利用有限的调板空间，如图 7-48(b) 所示。

创建好图层组后，在"图层"调板中单击图层组名称，即可执行如下操作。

- 利用"图层"调板可统一设置图层组中各子图层的整体色彩混合模式与不透明度。即此时各子图层的显示效果均取决于图层组及各子图层本身的设置。

196

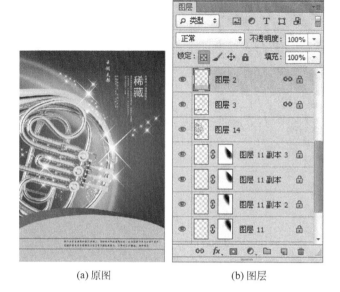

(a) 原图　　　　　　　　　　　(b) 图层

图 7-46　打开的素材文件

图 7-47　创建图层组

(a) 图层组

(b) 展开图层组

图 7-48　编辑图层组

　　在工具箱中选择移动工具 ⊕ ,可统一移动图层组中的全部图层图像。通过使用"编辑"→"自由变换"或"变换"菜单中的命令,可统一调整图层组中所有图层的位置和大小,或者对其进行旋转、倾斜、扭曲及透视等变形操作。

> **提示:**
> - 如果当前图层为图层组,则"设置图层的混合模式"下拉列表框中将会新增一个"穿过"选项,表示此时不为图层组设置任何混合模式。
> - 如果只改变图层组中某个子图层的属性,则选中该图层再进行设置即可。

7.4 实 例 演 练

立体效果

本案例首先渐变填充,然后通过图层样式的设置得到立体效果,如图 7-49 所示。

图 7-49 立体效果

制作步骤:

(1) 按 Ctrl+N 组合键新建一个文件,在弹出的对话框中分别设置"宽度"和"高度"为 1000、700 像素,"分辨率"为 72 像素/英寸,"颜色模式"为"RGB 颜色"、"背景内容"为白色,单击"确定"按钮,新建文件,并填充淡绿色(♯d0f0cf)。打开文字素材,将其调入新建文件中并调整其大小及位置,如图 7-50 所示。

图 7-50 调入素材

(2) 选择渐变工具 ![图标],单击"点按可编辑渐变"图标,弹出"渐变编辑器"窗口(如图 7-51 所示),设计第 1 标点颜色值为 ♯ f1fc94、第 2 标点颜色值为 ♯ f6c61a、第 3 标点颜色值为 ♯ f8a314,再单击其属性栏中的"线性渐变"按钮 ![图标],设置好渐变属性后,将鼠标指针移至选区的左侧,按住鼠标左键并从上至下拖动鼠标,产生从上至下的线性渐变,绘制出如图 7-52 所示的渐变颜色。

(3) 在"图层样式"对话框中选择"斜面和浮雕"选项并设置其对话框,如图 7-53 所示,此时得到如图 7-54 所示的效果。

图 7-51　"渐变编辑器"窗口

图 7-52　渐变填充

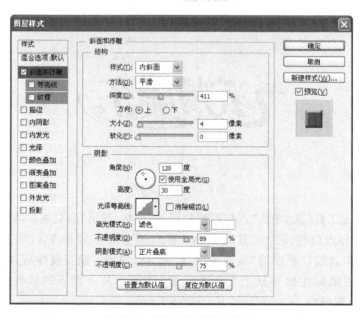

图 7-53　"斜面和浮雕"对话框

图 7-54　浮雕效果

（4）选择"斜面和浮雕"样式下方的"等高线"选项，并设置其对话框，如图 7-55 所示，此时得到如图 7-56 所示的效果。

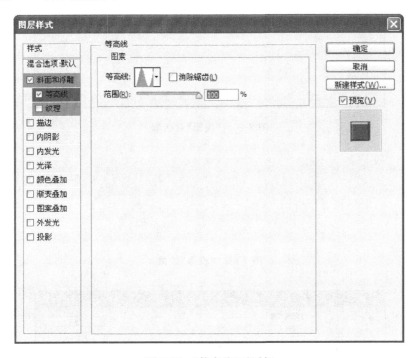

图 7-55　"等高线"对话框

图 7-56　"等高线"效果

（5）单击"图层"调板底部的"添加图层样式"按钮 fx，并在弹出的下拉菜单中选择"投影"选项，设置弹出的对话框，如图 7-57 所示，此时得到如图 7-58 所示的效果。

（6）按 Ctrl＋N 组合键将文字图层复制一层，然后编辑当前文字图层样式，去掉投影，修改斜面和浮雕的数值，如图 7-59 所示，等高线不用变，单击"确定"后把图层不透明度改为 50％、填充改为 0％，效果如图 7-60 所示。

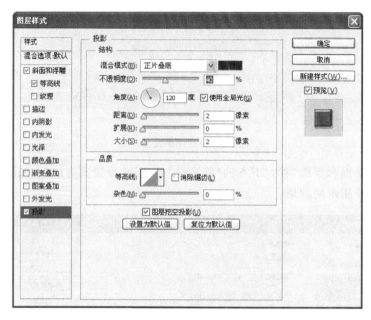

图 7-57 "投影"对话框

图 7-58 "投影"效果

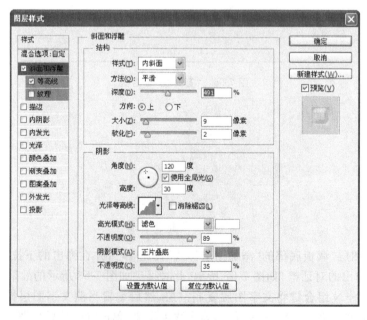

图 7-59 "斜面和浮雕"对话框

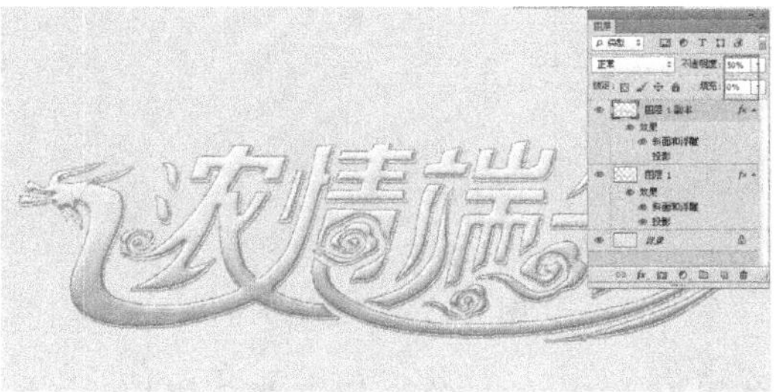

图 7-60　浮雕效果

(7) 按 Ctrl＋N 组合键将文字副本图层复制一层，然后编辑当前文字图层样式，去掉投影，修改斜面和浮雕的数值，如图 7-61 所示，等高线不用变，单击“确定”后把图层不透明度改为 30％、填充改为 0％，效果如图 7-62 所示。

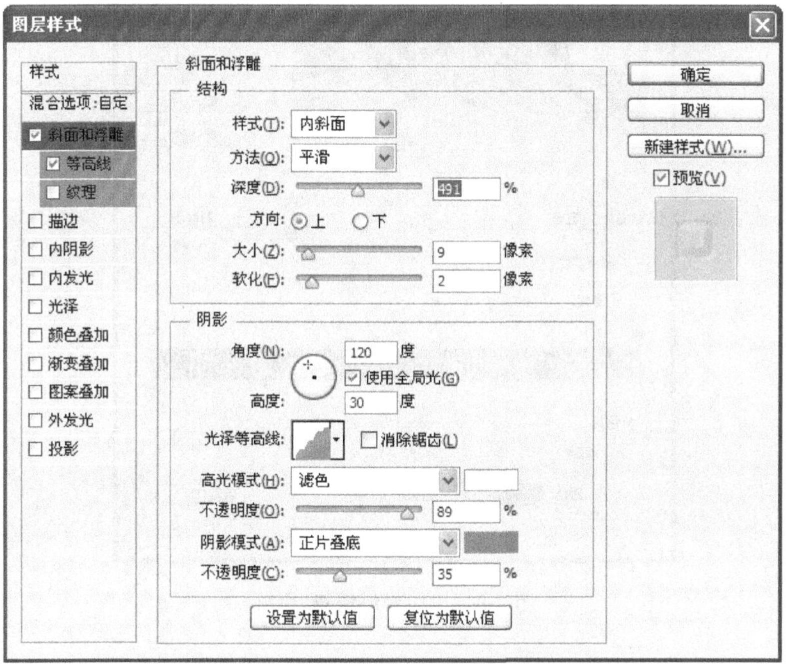

图 7-61　“斜面和浮雕”对话框

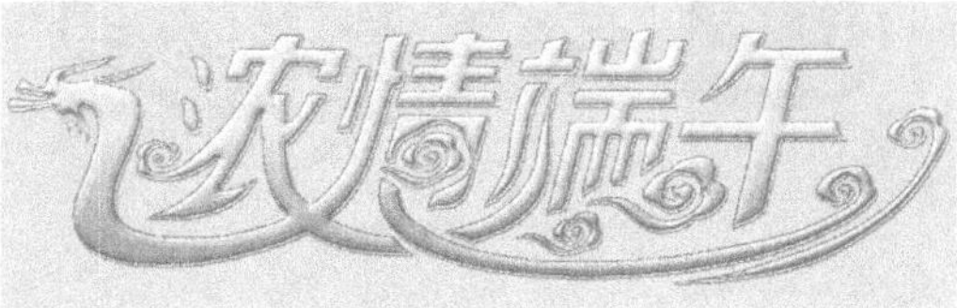

图 7-62　浮雕效果

(8) 在背景图层上面新建一个图层，用“多边形套索”工具沿着文字边框勾出选区，如图 7-63 所示。

(9) 选择渐变工具 ，单击“点按可编辑渐变”图标，弹出“渐变编辑器”窗口(如图 7-64

图 7-63　勾绘选区

所示），设计第 1 标点颜色值为＃fb0201、第 2 标点颜色值为＃8f0c05、第 3 标点颜色值为＃3f020a，再单击其属性栏中的"线性渐变"按钮 ，设置好渐变属性后，将鼠标指针移至选区的左侧，按住鼠标左键并从上至下拖动鼠标，产生从上至下的线性渐变，绘制出如图 7-65 所示的渐变颜色。

图 7-64　"渐变编辑器"窗口

图 7-65　渐变效果

（10）在"图层样式"对话框中选择"斜面和浮雕"选项并设置其对话框，如图 7-66（a）所示，然后选择"斜面和浮雕"样式下方的"等高线"选项，并设置其对话框如图 7-66（b）所示，此时得到如图 7-67 所示的效果。

（11）在图层面板中将背景层隐藏，然后单击图层面板中的 按钮，在弹出的下拉菜单中选择"合并可见图层"（如图 7-68 所示），合并图层。

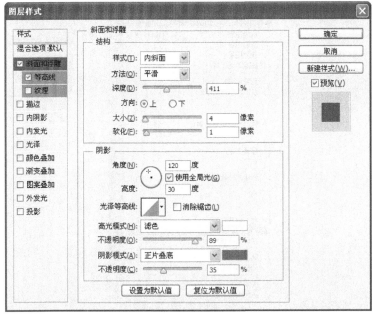

(a) "斜面和浮雕"对话框

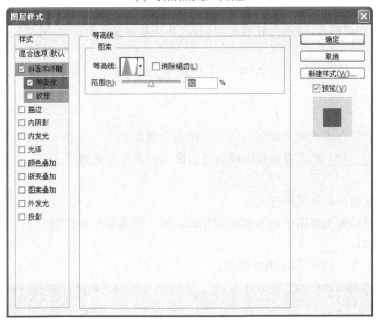

(b) "等高线"对话框

图 7-66 "斜面和浮雕"对话框

图 7-67 浮雕效果

图 7-68　合并图层

（12）打开背景图片，将制作好的文字调入，并调整其大小及位置，效果如图 7-49 所示。

7.5　思考与练习

1. 填空题

（1）图层的混合模式用于控制_____的混合效果。

（2）使用_____样式可以使图像沿着边缘向外产生发光效果。

2. 简答题

（1）如何复制和粘贴图层样式？

（2）斜面和浮雕主要用于给图层添加什么效果？分为哪几种类型？

3. 上机练习

（1）制作如图 7-69 所示的图片效果。

图 7-69　效果图

（2）制作如图 7-70 所示的图片效果。

图 7-70　效果图

第 8 章 文字处理

▶▶▶

本章导读

本章主要讲解如何在 Photoshop CS6 中输入文字、设置文字属性、编辑文本及制作特效文字特效等操作,从而使作品更具感召力和视觉冲击力。

学习重点

✔ 文字编辑。

✔ 在路径上创建文字。

8.1 输 入 文 字

文字是广告作品设计的重要组成部分,它是广告设计的灵魂,准确、鲜明、富有感召力的文字,是广告成功与否的关键,特别是在文字类广告中,文字设计尤为重要,如刊登在报纸、杂志、书籍及海报等之上广告。

Photoshop CS6 具有强大的文字处理功能,配合图层、通道与滤镜等功能,用户可以很方便地制作出精美的艺术字效果。下面将介绍 5 种文字方式的输入方法。

8.1.1 输入普通文字

在编辑图像时,如果输入的文字较少,可以通过输入普通文字的方式来输入文字。

动手练习——输入普通文字效果

(1)启动 Photoshop CS6 程序,选择"文件"→"新建"命令,在打开的"新建"对话框中设置"名称"为"文字排版"、"宽度"为 800 像素、"高度"为 300 像素、"分辨率"为 82 像素/英寸、"颜色模式"为"RGB 颜色"、"背景内容"为白色,如图 8-1 所示。设置完成后单击"确定"按钮,创建一个新文件。

(2)打开相应素材文件并调入新建文件中,调整其大小及位置,效果如图 8-2 所示。

(3)选择横排文字工具 **T**,然后在其工具属性栏中设置文字的字体为"方正姚体"、字号为 15 参数,输入文字,效果如图 8-3 所示。

(4)按步骤(3)中的方法分别输入"Contemporary"和"East wishdon",使用横排文字工具 **T**,将"Contemporary"和"East wishdon"的首字母"C"和"E"选中,并在"字符"调板中将其字符大小设置为 12,比原字符大些,得到如图 8-4 所示效果。

(5)选择横排文字工具 **T**,然后在其工具属性栏中设置文字的字体为"宋体"、字号为 6,输入文字,其效果如图 8-5 所示。

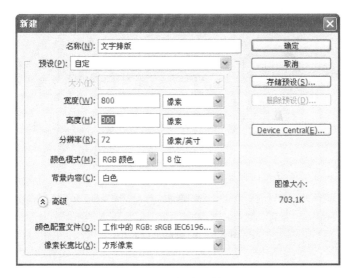

图 8-1　新建文件

图 8-2　调入素材

图 8-3　输入文字

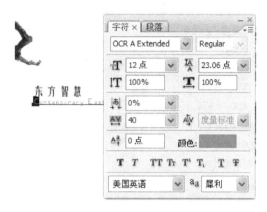

图 8-4　调整首字母大小

东 方 智 慧
Contemporary East wishdon
首先，必须承认，说一个作品成问题，就是指
我们大致认为它不足一个好作品，或对它
的好坏意见各异，
我们没有十分的把握，
或对其有争议，
所以先说它是成问题的、对于读者个人而言，
不好的作品几乎就不可算是文学作品，
早被排除在个人视野之外，
文学作品的质量必须好到至
少能够成问题，
被读者存档考虑。

但文学是铁屋里的呐喊，
每一部伟大作品都在
它自己风光一时的
时代里便以前的剥

图 8-5　输入文字

（6）打开标志文字，将其调入新建文件中，调整其大小及位置，效果如图 8-6 所示。

图 8-6　效果图

提示：
- 在输入或编辑文字的过程中，如果希望移动文字的位置，可在按住 Ctrl 键的同时进行移动。
- 如果希望在输入文字后移动文字的位置，可先将文本图层设置为当前图层，然后利用工具箱中的移动工具  进行移动。
- 要撤销当前的输入，可按 Esc 键或单击工具属性栏中的"取消所有当前编辑"按钮 ⊘ 。
- 文字选区的创建方法与创建文本的方法完全相同，只是它不创建文本图层。创建的文字选区可进行移动、复制、填充或描边等操作，还可以将其存储为 Alpha 通道，常用于制作特殊文字效果。

8.1.2　输入段落文字

当用户进行画册、样本设计时，经常需要输入较多的文字，这时用户可以把大段的文字输入在文本框中，以对文字进行更多的控制。

⊙ 动手练习——输入段落文字效果

（1）在工具箱中选择横排文字工具 T 或直排文字工具 ⁪T，在其属性栏中设置文本属性。

（2）将鼠标指针移至图像窗口中，此时指针呈 ⁙ 或 ⊞ 形状，按住鼠标左键不放绘制矩形区域，当达到所需的大小后释放鼠标，即可绘制一个文本框，如图 8-7(a)所示。

（3）此时，在文本框左上角将出现闪烁的光标，直接输入文字，当输入的文字到达文本框的边缘时，文字会自动换行，如图 8-7(b)所示。

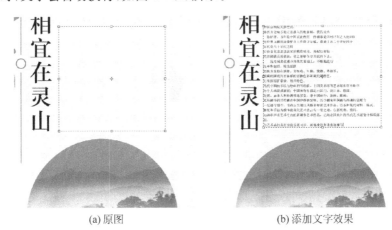

(a) 原图　　　　　　　　　　　　(b) 添加文字效果

图 8-7　输入段落文字

提示：
如果输入的文字过多，文本框的右下角控制点将呈 ⊞ 形状，这表明文字超出了文本框范围，文字被隐藏了。这时可以改变文本框的大小，以显示被隐藏的文字。

8.1.3　输入文字选区

文字型选区具有文字的外形，是使用文字工具组中的横排文字蒙版工具或直排文字蒙版工具创建的。

🌀 动手练习——输入文字选区效果

（1）单击"文件"→"打开"命令，打开一幅漫画素材图片，如图 8-8 所示。

（2）选取工具箱中的横排文字蒙版工具，在工具属性栏中设置"字体"为"华文行楷"、"字号"为 44，移动鼠标指针至图像窗口并单击鼠标左键以确定插入点，输入文字"童话里的故事"，并确认输入的文字，如图 8-9 所示。

图 8-8　素材图片

图 8-9　创建的文字选区

（3）按 Shift＋Ctrl＋N 组合键，新建"图层 1"图层，单击工具箱中的"设置背景色"色块■，弹出"拾色器"对话框，设置"颜色"为洋红色（RGB 参数值分别为 228、0、128）。

（4）按 Ctrl＋Delete 组合键填充背景色；按 Ctrl＋D 组合键，取消选区，效果如图 8-10 所示。

图 8-10　填充背景色并取消选区

8.2　编　辑　文　字

在 Photoshop CS6 中可以对输入的文字进行多次编辑操作，如选中文字、更改文字方向、消除锯齿、在点文字和段落文字之间转换等操作。

8.2.1　选中文字

当对输入的文字进行再编辑操作时，应先选中需要修改的文字，然后再进行其他操作。选中文本的方法有以下 6 种。

- 双击：在工具箱中选取一种文字工具，在图像编辑窗口中的文字上单击鼠标左键，进入文字的编辑状态，双击鼠标左键，即可选中所有输入的文本。
- 缩览图：双击"图层"调板中的当前文字图层缩览图，也可以选中文字。
- 拖动鼠标：在文字编辑状态下按住鼠标左键并拖动，即可选中所需的文字。
- 快捷键 1：在文字编辑状态下，按 Shift 键的同时按键盘上的方向键，即可以选中文本。
- 快捷键 2：在文字编辑状态下，按 Ctrl＋A 组合键，即可选中全部文本。
- 快捷菜单：在文字编辑状态下，在图像编辑窗口中单击鼠标右键，在弹出的快捷菜单中选择"全选"选项，即可选中全部文本。

动手练习——选中文字效果

（1）单击"文件"→"打开"命令，打开一幅金鱼素材图片，如图 8-11 所示。

图 8-11　素材图片

（2）选取工具箱中的直排文字工具，在工具属性栏中设置"字体"为"华文行楷"、"字号"为 15，移动鼠标指针至图像编辑窗口偏右上角处，单击鼠标左键确定插入点，输入文字"海洋情趣"，按 Ctrl＋Enter 组合键确定输入的文字，如图 8-12 所示。

图 8-12　输入文字

（3）在"图层"调板的"海洋情趣"文字图层的"指示文本图层"图标 T 上双击，全选文字，如图 8-13 所示。

图 8-13　选中文字

（4）在工具属性栏中单击"设置文本颜色"色块，弹出"选择文本颜色"对话框，设置颜色为白色（RGB 参数值均为 255），按 Ctrl＋Enter 组合键确认替换的颜色，效果如图 8-14 所示。

图 8-14　图像效果

8.2.2　水平与垂直文字转换

Photoshop CS6 的文字排列方式有水平排列和垂直排列两种，这两种文字之间可以相互转换。

水平与垂直文字相互转换有以下三种方法。

- 按钮：单击文字工具属性栏中的"更改文本方向"按钮 T，可以将水平排列和垂直排列的文字相互转换。
- 命令：在"图层"→"文字"子菜单中，单击"水平"或"垂直"命令，可以将文字水平排列转换为垂直排列、垂直排列转换为水平排列。
- 快捷菜单：在"图层"调板的当前图层文字中，单击鼠标右键，在弹出的快捷菜单中选择"水平"或"垂直"选项，即可进行水平与垂直文字的转换。

动手练习——水平与垂直文字转换效果

（1）单击"文件"→"打开"命令，打开一幅运动与美素材图片，如图8-15所示。

（2）选取工具箱中的横排文字工具，移动鼠标指针至图像编辑窗口的中下方，确定插入点，输入如图8-16所示的文字，并确认输入的文字。

图8-15　素材图片　　　　　　　　　　　　图8-16　输入的文字

（3）单击工具属性栏中的"更改文本方向" 按钮，将水平文字转换为垂直文字，效果如图8-17所示。

图8-17　更改文字方向

8.3　文字的个性化处理

下面介绍在路径上创建文字、创建变形文字、文本图层的特点及操作、文字形状的编辑等有关文字个性化处理的知识。

8.3.1 在路径上创建文字

在 Photoshop CS6 中,在路径上创建文字的操作很简单,先使用钢笔、直线、椭圆等工具绘制好路径,然后选择文字工具或文字蒙版工具,将鼠标指针移动到路径上,待其显示为 形状时单击鼠标左键,即可沿路径输入文字。

动手练习——路径文字效果

(1)打开素材图像,使用椭圆工具 绘制一圆形的路径。

(2)选择横排文字工具 T,将鼠标指针移动到路径上,待鼠标指针呈 形状后单击鼠标左键,即可沿路径输入文字,如图 8-18 所示。

图 8-18　沿路径输入文字

(3)在工具箱中选择直接选择工具 ,将鼠标指针移至文字上方,待鼠标指针呈 形状时按住鼠标左键,并沿路径拖动鼠标,即可沿路径移动文字,如图 8-19 所示。

图 8-19　沿路径移动文字

(4)选择路径选择工具 ,将鼠标指针移至路径上方,待其呈 形状后拖动鼠标,即可移动路径,此时文字将随之移动,如图 8-20 所示。

> 提示:
> 如果绘制的是封闭路径(形状),则可选择横排或直排文字工具,将鼠标指针移至路径内,当其呈
> 形状时单击鼠标左键,便可以在路径内部输入文字了,如图 8-21 所示。

图 8-20　移动路径

图 8-21　在路径内输入文字

8.3.2　变形文字效果

Photoshop CS6 具有变形文字的功能,变形文字后的文字仍然可以编辑。

使用变形文字功能有以下三种方法。

- 快捷菜单:在"图层"调板的当前文字图层处单击鼠标右键,在弹出快捷菜单中选择
  "文字变形"选项,弹出"变形文字"对话框,如图 8-22 所示(默认状态显示为灰色),
  在该对话框中可以设置输入文字的变形效果,如图 8-23 所示。

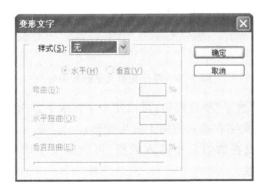

图 8-22　"变形文字"对话框

- 命令:单击"图层"→"文字"→"文字变形"命令,将弹出"变形文字"对话框。
- 按钮:单击工具属性栏中的"创建文字变形"按钮 ，将弹出"变形文字"对话框。

该对话框中各主要选项的含义如下。

- 样式:该下拉列表框中提供了 15 种不同的文字变形效果,如图 8-24 所示。部分变
  形文字的效果如图 8-25 所示。

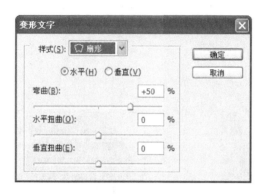

图 8-23 设置选项后的"变形文字"对话框   图 8-24 "样式"下拉列表

(a) 扇形   (b) 鱼形   (c) 上弧

(d) 旗帜   (e) 花冠   (f) 挤压

图 8-25 部分变形文字的效果

- 水平/垂直：选中"水平"单选按钮，可以使文字在水平方向上发生变形；选中"垂直"单选按钮，可以使文字在垂直方向上发生变形。
- 弯曲：拖曳滑块或在数值框中输入数值，可确定文字弯曲的程度，其取值范围为－100～100 的整数。
- 水平扭曲：拖曳滑块或在数值框中输入数值，可确定文字水平扭曲的程度，其取值范围为－100～100 的整数。
- 垂直扭曲：拖曳滑块或在数值框中输入数值，可确定文字垂直扭曲的程度，其取值范围为－100～100 的整数。

动手练习——变形文字效果

（1）按 Ctrl＋O 组合键，打开背景素材图片，选择横排文字工具 **T**，然后在其工具属性栏中设置文字的字体、字号等参数，输入文字，效果如图 8-26 所示。

图 8-26　输入文字

（2）在"图层"面板中选择要变形的文字层作为当前操作层，然后单击工具选项栏左侧的"创建文字变形"按钮 ，打开"变形文字"对话框，从"样式"下拉列表中选择"鱼形"，如图 8-27 所示。

图 8-27　"变形文字"对话框

（3）设置好参数后，单击"确定"按钮确认变形，效果如图 8-28 所示。

图 8-28　变形效果

（4）同理将变形样式设置为"旗形"，设置如图 8-29 所示的参数，单击"确定"按钮确认变形，效果如图 8-30 所示。

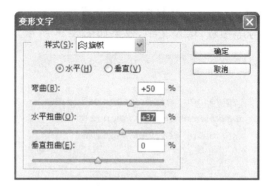

图 8-29　"变形文字"对话框

图 8-30　变形效果

> 提示：
> 　　如果文本图层已被设置为当前图层，也可直接选择"图层"→"文字"→"文字变形"命令，打开"变形文字"对话框。此外，变形设置是针对文本图层的，而不是针对文字的，因此每个文本图层上只能使用一种变形样式。

8.4　实 例 演 练

创意构想：本广告为超市购物宣传广告，以购物人形为主构图，点明主题，同时将"团、圆"两字制作成圆形状，有一定的创意，使人想到中秋团圆日，效果如图 8-31 所示。

制作步骤：

（1）新建一名为"超市宣传广告"的新文件，参数设置如图 8-32 所示。

图 8-31　效果图

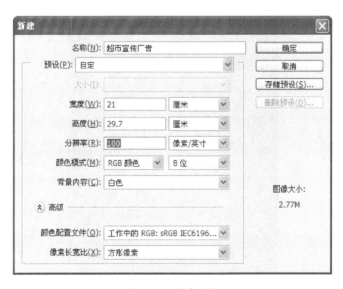

图 8-32　新建文件

（2）选择"渐变填充"工具，在"渐变编辑器"窗口中，设置第 1 色标点颜色为（R：194、G：19、B：13）、第 2 色标点颜色为（R：233、G：128、B：3），如图 8-33 所示。

（3）从左上角到右下角拖曳鼠标，用线性渐变填充背景，效果如图 8-34 所示。

（4）新建图层 1，选择"椭圆选框"工具，按住 Shift 键在画面中拖曳鼠标，创建正圆选区，单击"选择"→"修改"→"羽化"命令，在弹出的对话框中设置"羽化半径"为 10，如图 8-35 所示。

图 8-33　"渐变编辑器"窗口

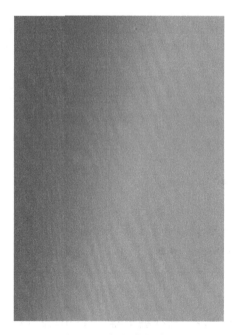

图 8-34　渐变填充效果

（5）单击"确定"按钮，羽化选区，并填充颜色为（R：233、G：128、B：3），效果如图 8-36 所示。

（6）打开一幅"烟花"素材图片，并将它拖曳到新建文件中，调整其大小及位置，效果如图 8-37 所示。

图 8-35 "羽化选区"对话框

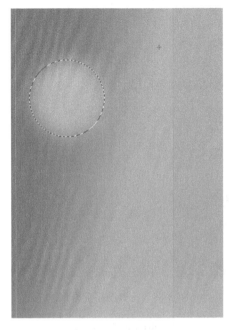

图 8-36 填充效果

图 8-37 调入素材图片

（7）选取烟花图层，使之成为当前工作图层，将该图层的混合模式改为"柔光"、图层"不透明度"设置为50％，效果如图8-38所示。

图8-38　设置图层混合模式

（8）打开两幅黑白人物素材图片，如图8-39所示。

图8-39　素材图片

（9）将两幅黑白人物素材拖曳至新建文件中，调整其大小及位置，然后将"人物1"与"人物2"图层合并，按住 Ctrl 键单击人物图层缩览图，选取人物，并将其填充颜色设置为（R：233、G：128、B：3），效果如图 8-40 所示。

图 8-40　填充人物素材

（10）将人物图层混合模式改为"强光"模式，效果如图 8-41 所示。

图 8-41　设置图层模式

（11）将填充人物图层复制，并调整复制图层大小及位置，并将该图层"不透明度"设置为80％，效果如图8-42所示。

图 8-42　设置图层不透明度

（12）同样，复制两人物图层，分别调整它们大小及位置，并分别将它们的"图层不透明度"设置为60％、40％，效果如图8-43所示。

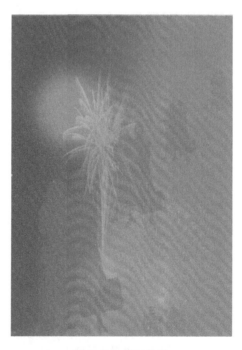

图 8-43　复制效果

（13）选择"文本"工具，输入文字"才"，设置颜色为红色，其他参数设置如图 8-44 所示，效果如图 8-45 所示。

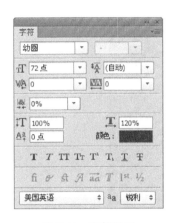

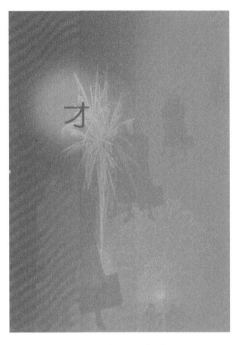

图 8-44　字符设置　　　　　　　　　图 8-45　输入文字效果

（14）新建图层。选择"椭圆选框"工具绘制圆选区，并单击"编辑"→"描边"命令，在弹出的对话框中设置参数，如图 8-46 所示，然后单击"确定"按钮，效果如图 8-47 所示。

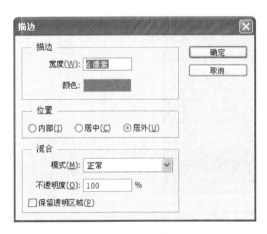

图 8-46　"描边"对话框　　　　　　　　图 8-47　描边效果

（15）单击"图层"面板下方的"添加图层蒙版"按钮，给描边图层添加蒙版。将前景色设置为黑色、背景色设置为白色，用径向渐变蒙版图层，效果如图 8-48 所示。

图 8-48　蒙版效果

（16）用同样的方法制作"圆"字效果，如图 8-49 所示。

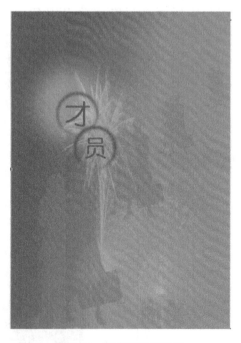

图 8-49　制作"圆"字效果

（17）选择"文本"工具，输入"中秋购物有"文字，设置颜色为白色，其他参数设置如图 8-50 所示，效果如图 8-51 所示。

图 8-50　字符设置　　　　　　　　　图 8-51　输入文字效果

（18）同样，用"文本"工具输入文字"礼"，设置颜色为红色，其他参数设置如图 8-52 所示，效果如图 8-53 所示。

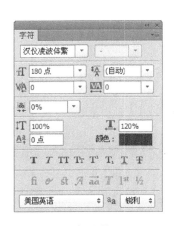

图 8-52　字符设置　　　　　　　　　图 8-53　输入文字效果

227

（19）单击"图层"→"图层样式"→"外发光"命令，在弹出的对话框中设置参数如图 8-54 所示。在"图层样式"对话框中单击"投影"选项，并设置各参数如图 8-55 所示。单击"确定"按钮，效果如图 8-56 所示。

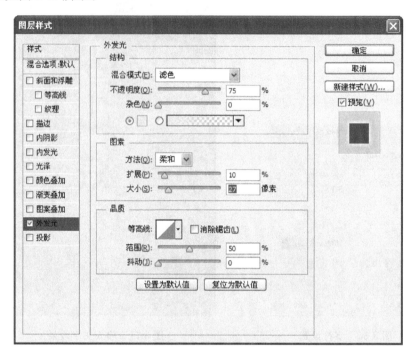

图 8-54 "外发光"对话框

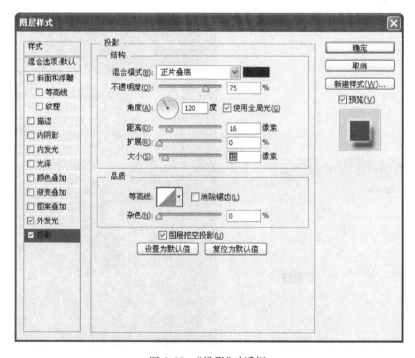

图 8-55 "投影"对话框

图 8-56　图层样式效果

（20）将维康标志调入画面中，调整其大小及位置，效果如图 8-57 所示。

图 8-57　调入标志图像

229

（21）选择"文本"工具，输入"维康"文字，设置颜色为白色，其他参数如图 8-58 所示。
为文本描上深蓝色的边，效果如图 8-59 所示。

图 8-58 "字符"设置

图 8-59 描边效果

（22）选择"矩形选框"工具，在图像中绘制矩形选框，并填充颜色为（R：233、G：128、B：3），效果如图 8-60 所示。

（23）制作要作为填充图案的图像。新建一个图像文件，大小为 2 像素×4 像素，背景为透明。选择"放大镜"工具，放大新建文件。选择"铅笔"工具，用 2 像素的黄色画笔在图像上单击一下，将图像的上半部分填充为黄色。单击"编辑"→"定义图案"命令，将这个图像定义为新图案，如图 8-61 所示。

图 8-60 "绘制矩形"效果

图 8-61 定义图案

（24）关闭文档。回到前面的文件中，新建图层 1，按 Shift＋Backspace 组合键，打开"填充"对话框。在对话框中将填充使用内容设为图案，在下拉列表中选择我们刚才定义的图案，正常模式，"不透明度"为 100％，结果如图 8-62 所示。

图 8-62 填充图案效果

（25）将图层混合模式改为"叠加"模式，将图层"不透明度"降低为 20％。将前景色设置为（R：233、G：128、B：3），用 画笔绘制矩形框两边，效果如图 8-63 所示。

图 8-63　绘制效果

（26）新建图层，选择"钢笔"工具，绘制如图 8-64 所示的形状。

图 8-64　绘制图形

（27）单击"路径"面板下的"将路径作为选区载入"按钮，将路径转为选区，并填充红色，效果如图 8-65 所示。

图 8-65　填充图形效果

（28）新建图层并将选区填充黄色，调整黄色图层大小及位置，然后将黄色图层调整到红色图层下面，效果如图 8-66 所示。

图 8-66　复制图层

（29）选择"文本"工具，输入"活动日期 9 月 18 日—9 月 26 日"文字，颜色为黄色。然后用画笔绘制一个矩形框，效果如图 8-67 所示。

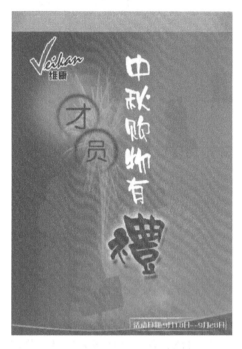

图 8-67　输入文字效果

（30）选择"矩形选框"工具，在图像中绘制矩形选框。单击"选择"→"修改"→"平滑"命令，在弹出的对话框中设置参数如图 8-68 所示，单击"确定"按钮，然后将选区填充白色，效果如图 8-69 所示。

图 8-68　"平滑选区"对话框

图 8-69　输入文字效果

（31）选择"文本"工具，输入"维康超市周年店庆专刊"文字，效果如图 8-70 所示。

图 8-70　输入文字效果

（32）同样，用"文本"工具输入文字"轻身购物在维康"，设置颜色为黑色，其他参数设置如图 8-71 所示，效果如图 8-31 所示。

图 8-71　字符设置

8.5　思考与练习

1．填空题

（1）在文字编辑状态下，按_____组合键，即可选中全部文本。

（2）输入_____时，每一行文字都是独立的，行的长度随着文字的输入或减少而增加或缩短，但不会自动换行，若要换行，需按_____键。

（3）点文字可以转换为_____文字，以便在定界框内调整字符的排列；段落文字也可以转换为_____，以便各文本行彼此独立地排列。

2．简答题

（1）选中文字有哪几种方法？

（2）文字变形有哪几种样式？

（3）怎样将文字转换为工作路径或转换为普通图层？

3．上机练习

（1）运用横排文字工具制作如图 8-72 所示的广告文字效果。

图 8-72　广告文字效果

（2）运用"文本"工具制作如图 8-73 所示的房地产广告效果。

图 8-73　房地产广告效果

本章导读

　　Photoshop CS6 提供了强大的滤镜功能,用于修饰美化图片、处理图像的各种效果。Photoshop 所有"滤镜"都按类别放置在"滤镜"菜单中,使用时只需从该菜单中执行这些"滤镜"命令即可完成。

学习重点

✓ 扭曲滤镜使用。

✓ 模糊滤镜使用。

9.1　滤 镜 介 绍

　　本节将分别对滤镜的使用规则和技巧、滤镜库中的命令及 Photoshop CS6 内置滤镜的使用进行讲解。

9.1.1　滤镜的使用规则和技巧

　　Photoshop 的所有滤镜都按类别放置在"滤镜"菜单中,使用时只需单击这些滤镜命令即可完成。所有滤镜的使用都有以下几个相同的特点,只有遵守这些使用规则和技巧,才能准确、有效地使用滤镜功能。

- Photoshop 会针对选取区域进行滤镜效果处理,如果没有定义选区,则对整个图像作处理。
- 如果当前选中的是某一图层或某一通道,则只对当前图层或通道起作用。
- 滤镜的处理效果是以像素为单位的,因此,滤镜的处理效果与图像的分辨率有关,相同的参数处理不同分辨率的图像,其效果是不相同的。
- 只对局部图像进行滤镜效果处理时,可以为选区设定羽化值,使被处理的区域能自然地与源图像融合,减少突兀的感觉。
- 执行完一个滤镜命令后,在"滤镜"菜单的第一行会出现刚才使用过的滤镜命令,单击它可快速重复执行相同的滤镜命令。若使用键盘,则需按 Ctrl+F 组合键;如果按 Ctrl+Alt+F 组合键,则会重新打开上一次执行的滤镜设置对话框。
- 在任意滤镜设置对话框中按 Alt 键,对话框中的"取消"按钮就会变成"复位"按钮,单击该按钮可以恢复到刚打开对话框时的状态。
- 在"位图"、"索引"和"16 位通道"色彩模式下不能使用滤镜。此外,不同的色彩模式其使用范围也不同,在 CMYK 和 Lab 模式下,部分滤镜不能使用,如"风格化"、"素描"和"渲染"等滤镜。

- 使用"编辑"菜单下的"还原"和"后退一步"命令可以对比执行滤镜前后的效果。

9.1.2 "滤镜库"命令

在 Photoshop 中用户可以使用"滤镜库"命令快速而方便地应用滤镜。要使用"滤镜库"命令,可以选择"滤镜"→"滤镜库"命令,Photoshop 将打开如图 9-1 所示的"滤镜库"对话框。

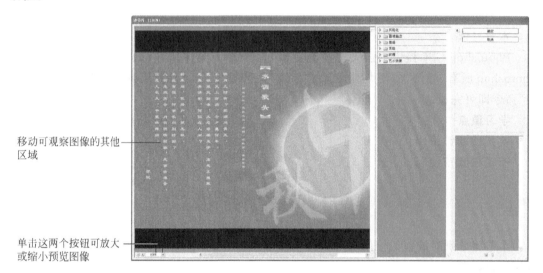

移动可观察图像的其他区域

单击这两个按钮可放大或缩小预览图像

图 9-1 "滤镜库"对话框

- 在"滤镜库"对话框中集中放置了一组常用滤镜,并分别放置在不同的滤镜组中。例如,要使用"玻璃"滤镜,可先单击"扭曲"滤镜组名,展开滤镜文件夹,然后单击"玻璃"滤镜即可。同时,选中某个滤镜后,在其右侧选项区会自动显示该滤镜的相关参数,用户可根据情况进行调整。
- 此外,在对话框右下角选项区中,可通过单击"新建效果图层"按钮 🖬 增加滤镜层,从而可对图像一次运用多个滤镜。要删除某个滤镜,可以先选中该滤镜,再单击"删除效果图层"按钮 🗑 。

9.2 常用滤镜命令使用

滤镜是 Photoshop 中神奇的功能之一,同时也是最具有吸引力的功能。通过滤镜功能,能为图像创建各种不同视觉的效果,让看似平淡无奇的图像在瞬间成为具有视觉冲击力的艺术作品,犹如魔术师在舞台上变魔术一样,把我们带到一个神奇而又充满魔幻色彩的图像世界。

9.2.1 像素化滤镜

"像素化"滤镜组主要是使单元格中相近颜色值的像素结成块,以重新定义图像或选区,从而产生晶格状、点状及马赛克等特殊效果。

"彩色半调"滤镜

该滤镜是在图像的每个通道上使用放大的半调网屏的效果。对于每个通道,滤镜均将图像划分为矩形,并用圆形替换每个矩形。圆形的大小与矩形的亮度成正比。

单击"滤镜"→"像素化"→"彩色半调"命令,弹出"彩色半调"对话框(如图 9-2 所示),效果如图 9-3 所示。

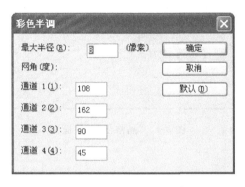

图 9-2 "彩色半调"对话框

(a)原图　　　　　　　　　　　(b) "彩色半调" 效果

图 9-3 执行"彩色半调"滤镜前后的效果

该对话框中的"最大半径"数值框是半调网点的最大半径,是一个以像素为单位的值,其取值范围为 4～127。"网角"选区用于设置网点与实际水平线的夹角,可以为一个或多个通道输入网角值,对于灰度图像只使用"通道 1";对于 RGB 图像,则使用"通道 1"、"通道 2"和"通道 3",分别对应红色、绿色和蓝色通道;对于 CMYK 图像,4 个通道均可使用,分别对应青色、洋红、黄色和黑色通道。

 "晶格化"滤镜

"晶格化"滤镜可以使像素以结块形式显示,形成多边形纯色色块。单击"滤镜"→"像素化"→"晶格化"命令,弹出"晶格化"对话框,如图 9-4 所示。

该对话框中只有一个"单元格大小"参数,其取值范围为 3%～300%,用于控制最后生成的色块大小,如图 9-5 所示为执行"晶格化"滤镜前后的效果。

 "马赛克"滤镜

"马赛克"滤镜可以使像素结为方块。给定块中的像素颜色相同,块颜色代表选区中的

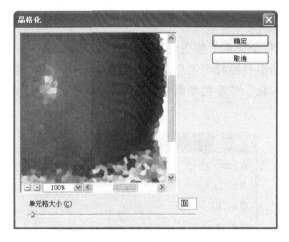

图 9-4 "晶格化"对话框

(a) 原图   (b) "晶格化"效果

图 9-5 执行"晶格化"滤镜前后的效果

颜色。其对话框如图 9-6 所示,在该对话框中,"单元格大小"值取决于每个"马赛克"的大小。如图 9-7 所示为执行"马赛克"滤镜后的效果。

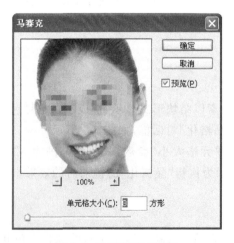

图 9-6 "马赛克"对话框

(a) 原图   (b) "马赛克"效果

图 9-7 执行"马赛克"滤镜后的效果

9.2.2 扭曲滤镜

"扭曲"滤镜组中主要是对图像进行几何扭曲、创建 3D 或其他图形效果。该滤镜组包括 12 种滤镜。

 "波纹"滤镜

"波纹"滤镜可以通过将图像像素移位进行图像变换,或者对波纹的数量和大小进行控制,从而生成波纹效果。

单击"滤镜"→"扭曲"→"波纹"命令,弹出"波纹"对话框,如图 9-8 所示,执行"波纹"滤镜前后的效果如图 9-9 所示。

图 9-8 "波纹"对话框

(a)原图　　　　　　　　　　　(b)"波纹"效果

图 9-9　执行"波纹"滤镜前后的效果

"玻璃"滤镜

使用"玻璃"滤镜可以使图像看起来像透过不同类型的玻璃看到的效果一样。

单击"滤镜"→"扭曲"→"玻璃"命令,弹出"玻璃"对话框,如图 9-10 所示。执行"玻璃"滤镜前后的效果如图 9-11 所示。

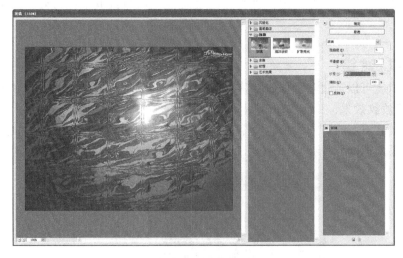

图 9-10　"玻璃"对话框

(a)原图　　　　　　　　　　　(b)"玻璃"效果

图 9-11　执行"玻璃"滤镜前后的效果

"极坐标"滤镜

"极坐标"滤镜可以将选择的选区从平面坐标转换为极坐标,或将选区从极坐标转换为平面坐标,从而产生扭曲变形的图像效果。

单击"滤镜"→"扭曲"→"极坐标"命令,弹出"极坐标"对话框,如图 9-12 所示。执行"极坐标"滤镜前后的效果如图 9-13 所示。

图 9-12 "极坐标"对话框

(a) 原图   (b) "极坐标" 效果

图 9-13 执行"极坐标"滤镜前后的效果

 "切变"滤镜

"切变"滤镜可以通过调整曲线框中的曲线条来扭曲图像。

单击"滤镜"→"扭曲"→"切变"命令,弹出"切变"对话框,如图 9-14 所示。执行"切变"滤镜前后的效果如图 9-15 所示。

在该对话框中选中"折回"单选按钮,Photoshop CS6 将使用图像中的边缘填充未定义的空白区域;若选中"重复边缘像素"单选按钮,则将按指定的方向扩充图像的边缘像素。

242

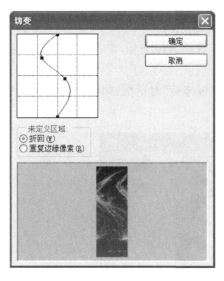

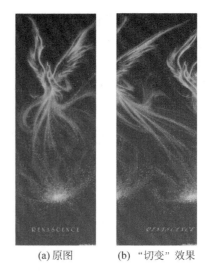

(a)原图　　　(b) "切变" 效果

图 9-14　"切变"对话框　　　　　　图 9-15　执行"切变"滤镜前后的效果

 "水波"滤镜

　　"水波"滤镜可以使图像生成类似池塘波纹和旋转的效果,该滤镜适用于制作同心圆类的波纹效果。

　　单击"滤镜"→"扭曲"→"水波"命令,弹出"水波"对话框,如图 9-16 所示。执行"水波"滤镜前后的效果如图 9-17 所示。

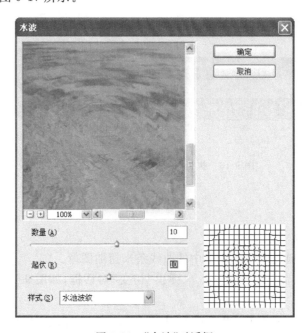

图 9-16　"水波"对话框

(a) 原图   (b) "水波" 效果

图 9-17　执行"水波"滤镜前后的效果

9.2.3　杂色滤镜

"杂色"滤镜组提供了 5 种滤镜,即减少杂色、蒙尘与划痕、去斑、添加杂色和中间值。

"添加杂色"滤镜

"添加杂色"滤镜可在图像中应用随机图像像素产生颗粒状效果。

单击"滤镜"→"杂色"→"添加杂色"命令,弹出"添加杂色"对话框,如图 9-18 所示。

图 9-18　"添加杂色"对话框

该对话框中的"数量"数值框用于设置在图像中添加杂色的数量;选中"平均分布"单选按钮,将会使用随机数值(0 加上或减去指定数值)分布杂色的颜色值以获得细微的效果;选中"高斯分布"单选按钮,将会沿一条曲线分布杂色的颜色以获得斑点效果;选中"单色"复选框,滤镜将仅应用图像中的色调元素,不添加其他的彩色。

244

执行"添加杂色"滤镜前后的效果,如图 9-19 所示。

(a) 原图　　　　　　　　　　(b) "添加杂色"效果

图 9-19　执行"添加杂色"滤镜前后的效果

"中间值"滤镜

"中间值"滤镜可以通过混合选区中像素的亮度来减少图像的杂色。该滤镜通过搜索像素选区的半径范围来查找亮度相近的像素,清除与相邻像素差异太大的像素,并将搜索到的像素的中间亮度值替换为中心像素。"中间值"滤镜在消除或减少图像的动感效果中非常有用。

单击"滤镜"→"杂色"→"中间值"命令,弹出"中间值"对话框,如图 9-20 所示。执行"中间值"滤镜前后的效果,如图 9-21 所示。

图 9-20　"中间值"对话框

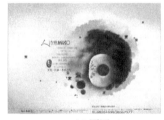 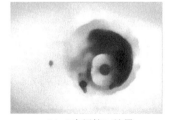

(a) 原图　　　　　　　　(b) "中间值"效果

图 9-21　执行"中间值"滤镜前后的效果

动手练习——杂色滤镜效果

(1) 选取"文件"→"打开"命令,打开素材图片。图片中的美女皮肤干燥,需要滋润,如图 9-22 所示。

图 9-22　打开图片

（2）按键盘上的 Ctrl＋J 组合键，将背景图层复制，得到背景副本图层。单击"滤镜"→"杂色"→"减少杂色"命令（如图 9-23 所示），在弹出的"减少杂色"对话框中选中"高级"选项，单击"每通道"按钮，选取"红"通道，设置"强度"为 10、"保留细节"为 100％（如图 9-24 所示）。同样分别设置"绿"通道（如图 9-25 所示）、"蓝"通道"强度"为 10、"保留细节"为 6％（如图 9-26 所示），单击"确定"按钮，效果如图 9-27 所示。

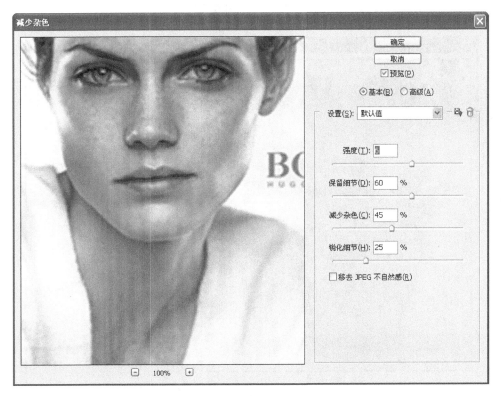

图 9-23　"减少杂色"对话框

第9章　图像滤镜的应用

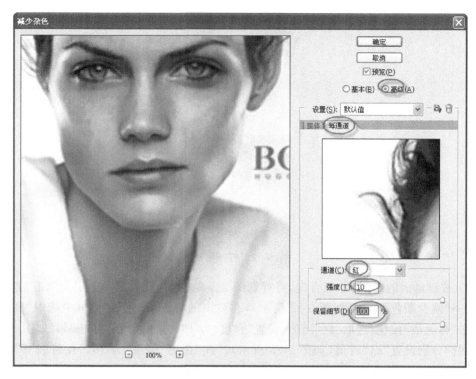

图 9-24　设置红通道

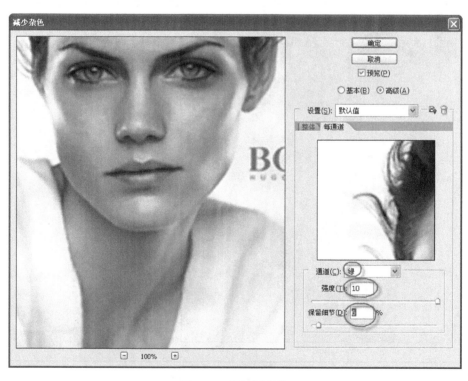

图 9-25　设置绿通道

图 9-26　设置蓝通道

图 9-27　添加杂色后的效果

（3）单击"滤镜"→"锐化"→"USM 锐化"命令，在弹出的对话框中设置"数量"为 80、"半径"为 1.5、"阈值"为 4（如图 9-28 所示），单击"确定"按钮，效果如图 9-29 所示。

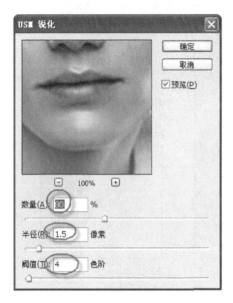

图 9-28 "USM 锐化"对话框   图 9-29 效果图

9.2.4 模糊滤镜

使用"模糊"滤镜组中的滤镜可以柔化选区或整个图像,以产生平滑过渡的效果。该滤镜组也可以去除图像中的杂色使图像显得柔和。"模糊"滤镜组包括 11 种滤镜,其中一些滤镜可以起到修饰图像的作用,另外一些滤镜可以为图像增加动感效果。

📖 "动感模糊"滤镜

使用"动感模糊"滤镜可以模拟拍摄运动物体时产生的动感模糊效果。

单击"滤镜"→"模糊"→"动感模糊"命令,弹出"动感模糊"对话框,如图 9-30 所示。

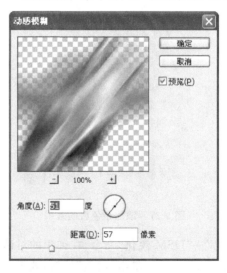

图 9-30 "动感模糊"对话框

该对话框中的"角度"选项用于设置动感模糊的方向;"距离"选项用来控制"动感模糊"的强度,数值越大,模糊效果就越强烈。

执行"动感模糊"滤镜前后的效果如图 9-31 所示。

(a) 原图   (b) "动感模糊" 效果

图 9-31   执行"动感模糊"滤镜前后的效果

 ## "高斯模糊"滤镜

"高斯模糊"滤镜可以通过控制模糊半径对图像进行模糊效果处理。该滤镜可用来添加低频细节,并产生一种朦胧效果。

单击"滤镜"→"模糊"→"高斯模糊"命令,弹出"高斯模糊"对话框,如图 9-32 所示。执行"高斯模糊"滤镜前后的效果如图 9-33 所示。

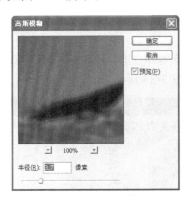

图 9-32   "高斯模糊"对话框

(a) 原图   (b) "高斯模糊" 效果

图 9-33   执行"高斯模糊"滤镜前后的效果

"径向模糊"滤镜

"径向模糊"滤镜可以生成旋转模糊或从中心向外辐射的模糊效果。

单击"滤镜"→"模糊"→"径向模糊"命令,弹出"径向模糊"对话框,如图 9-34 所示。执行"径向模糊"滤镜前后的效果如图 9-35 所示。

(a) 原图　　　　　　　　(b) "径向模糊"效果

图 9-34　"径向模糊"对话框　　　　　图 9-35　执行"径向模糊"滤镜前后的效果

9.2.5　风格化滤镜

"风格化"滤镜组中的滤镜是通过置换像素和查找并增加图像的对比度,在选区中生成绘画或印象派的效果。其中包括查找边缘、风、浮雕效果、扩散、拼贴和凸出等滤镜。

 "风"滤镜

"风"滤镜可为图像增加一些短水平线,以生成风吹的效果,单击"滤镜"→"风格化"→"风"命令,弹出"风"对话框,如图 9-36 所示。

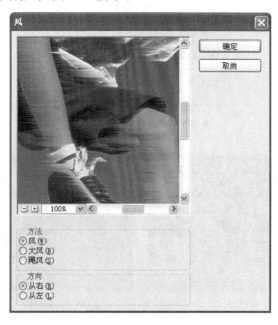

图 9-36　"风"对话框

该对话框中的"方法"选项区用于设置起风的方式,包括"风"、"大风"和"飓风"三种;"方向"选项区用于确定风吹的方向,包括"从左"和"从右"两个方向。

执行"风"滤镜前后的效果如图 9-37 所示。

(a)原图　　　　　　　　　　(b)"风"效果

图 9-37　执行"风"滤镜前后的效果

 "浮雕效果"滤镜

"浮雕效果"滤镜通过将选区的填充色转换为灰色,并用原填充色描边,从而使选区显示凸起或凹陷效果。单击"滤镜"→"风格化"→"浮雕效果"命令,弹出"浮雕效果"对话框,如图 9-38 所示。执行"浮雕效果"滤镜前后的效果如图 9-39 所示。

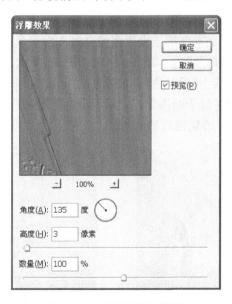

图 9-38　"浮雕效果"对话框

251

(a) 原图　　　　　　　　　　　　　　　(b) "浮雕"效果

图 9-39　执行"浮雕效果"滤镜前后的效果

 "拼贴"滤镜

　　"拼贴"滤镜可以将图像分解为一系列拼贴，使选区偏离其原来的位置。单击"滤镜"→"风格化"→"拼贴"命令，弹出"拼贴"对话框，如图 9-40 所示。

图 9-40　"拼贴"对话框

　　该对话框中的"拼贴数"文本框用于设置图像高度方向上分割块的数量；"最大位移"文本框用于设置生成方块偏移的距离；"填充空白区域用"选项区：可以选取该选项区中的选项填充拼贴之间的区域，即选中"背景色"、"前景颜色"、"反向图像"或"未改变的图像"单选按钮，将可使拼贴的图像效果位于原图像之上，并露出原图像中位于拼贴边缘下面的部分。如图 9-41 所示为执行"拼贴"滤镜前后的效果。

(a) 原图　　　　　　　　　　　　　　(b) "拼贴"效果

图 9-41　执行"拼贴"滤镜前后的效果

"凸出"滤镜

"凸出"滤镜可以根据对话框内的选项设置,将图像转化为一系列三维块或维体。用它可以扭曲图像或创建特殊的三维背景。单击"滤镜"→"风格化"→"凸出"命令,弹出"凸出"对话框,如图 9-42 所示。执行"凸出"滤镜中块的效果,如图 9-43 所示。

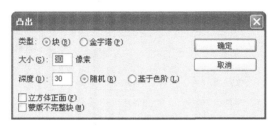

图 9-42 "凸出"对话框

(a) 原图

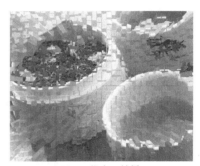

(b) "凸出"效果

图 9-43 原图与执行"凸出"滤镜的块效果

9.3 实 例 演 练

光的漩涡效果

本案例运用滤镜制作梦幻效果,如图 9-44 所示。

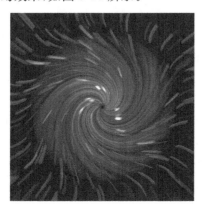

图 9-44 效果图

制作步骤：

（1）单击"文件"→"新建"命令，在打开的"新建"对话框中设置"名称"为"光的漩涡"、"宽度"为600像素、"高度"为600像素、"分辨率"为72像素/英寸、"颜色模式"为"RGB颜色"、"背景内容"为白色，如图9-45所示。设置完成后单击"确定"按钮，创建一个新文件。

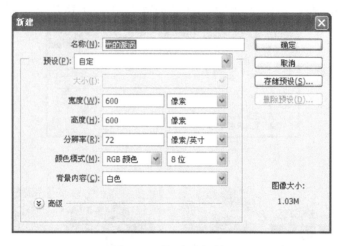

图9-45 "新建"对话框

（2）在工具箱中单击 ▣ 默认前景色和背景色按钮，设置前景色为"黑色"、背景色为"白色"。单击"滤镜"→"渲染"→"云彩"命令，制作出如图9-46所示的云雾效果。

图9-46 云彩效果

（3）单击"滤镜"→"杂色"→"添加杂色"命令，弹出"添加杂色"对话框设置如图9-47所示。单击"确定"按钮，执行"添加杂色"滤镜后的效果如图9-48所示。

（4）单击"滤镜"→"像素化"→"晶格化"命令，弹出"晶格化"对话框设置如图9-49所示。单击"确定"按钮，执行"晶格化"滤镜后的效果如图9-50所示。

（5）选择矩形选框工具 ▢ ，框选图像中的一小部分，然后按Shift＋Ctrl＋I组合键反选选区，填充黑色，如图9-51所示。

（6）按Ctrl＋D组合键取消选区，单击"滤镜"→"模糊"→"动感模糊"命令，弹出"动感模糊"对话框，如图9-52所示。执行"动感模糊"滤镜后的效果如图9-53所示。

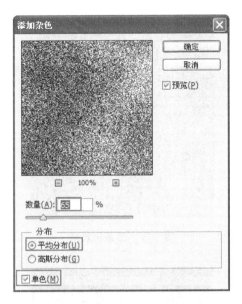

图 9-47　"添加杂色"对话框

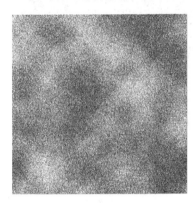

图 9-48　添加"杂色"效果

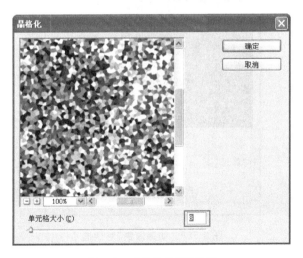

图 9-49　"晶格化"对话框

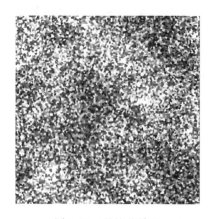

图 9-50　晶格化效果

图 9-51　填充颜色

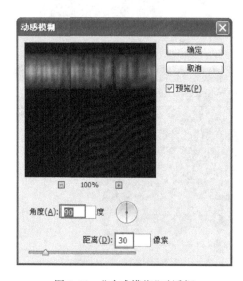

图 9-52　"动感模糊"对话框

（7）选择矩形选框工具 ⬚ ，框选图像下半部分，然后按 Ctrl＋T 组合键自由变换，并将下方调节手柄向下拖动，制作如图 9-54 所示的效果。

图 9-53 "动感模糊"效果

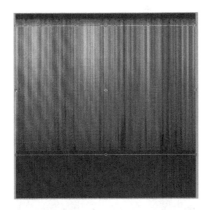

图 9-54 "自由变换"效果

（8）按回车键确认变形，取消选区，然后单击"滤镜"→"模糊"→"高斯模糊"命令，设置其"半径"为 2，模糊处理光图像，如图 9-55 所示。

图 9-55 "高斯模糊"效果

（9）单击"滤镜"→"扭曲"→"极坐标"命令，弹出"极坐标"对话框，如图 9-56 所示。执行"极坐标"滤镜后的效果如图 9-57 所示。

（10）单击"滤镜"→"扭曲"→"旋转扭曲"命令，弹出"旋转扭曲"对话框，如图 9-58 所示。执行"旋转扭曲"滤镜后的效果如图 9-59 所示。

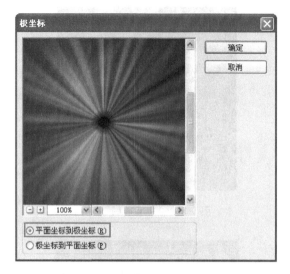

图 9-56 "极坐标"对话框

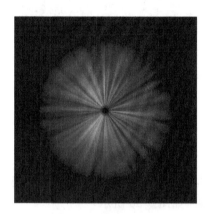

图 9-57 "极坐标"效果

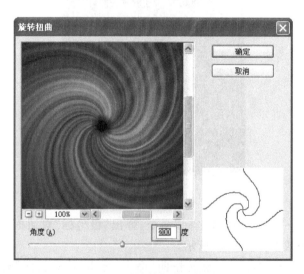

图 9-58 "旋转扭曲"对话框

图 9-59　"旋转扭曲"效果

（11）新建图层 2，然后填充黑色，单击"滤镜"→"杂色"→"添加杂色"命令，弹出"添加杂色"对话框设置如图 9-60 所示。单击"确定"按钮，执行"添加杂色"滤镜后的效果如图 9-61所示。

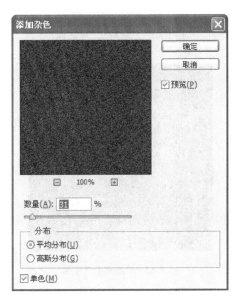

图 9-60　"添加杂色"对话框

图 9-61　"添加杂色"效果

(12) 单击"滤镜"→"像素化"→"晶格化"命令,弹出"晶格化"对话框设置如图 9-62 所示。单击"确定"按钮,执行"晶格化"滤镜后的效果如图 9-63 所示。

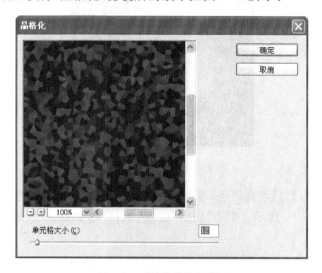

图 9-62 "晶格化"对话框

图 9-63 "晶格化"效果

(13) 单击"图像"→"调整"→"色阶"命令,弹出"色阶"对话框设置如图 9-64 所示。单击"确定"按钮,执行"色阶"后的效果如图 9-65 所示。

(14) 单击"滤镜"→"模糊"→"径向模糊"命令,弹出"径向模糊"对话框,如图 9-66 所示。执行"径向模糊"滤镜后的效果如图 9-67 所示。

(15) 单击"滤镜"→"扭曲"→"旋转扭曲"命令,弹出"旋转扭曲"对话框,如图 9-68 所示。执行"旋转扭曲"滤镜后的效果如图 9-69 所示。

(16) 设置图层混合模式为"线性减淡(添加)"(如图 9-70 所示),产生的效果如图 9-71 所示。

(17) 选择"图像"→"调整"→"曲线"命令,打开"曲线"对话框,设置"通道"为"红",在对话框中调整曲线如图 9-72 所示。

(18) 打开"曲线"对话框,设置"通道"为"蓝",在对话框中调整曲线如图 9-73 所示。单击"确定"按钮,效果如图 9-74 所示。

图 9-64 "色阶"对话框

图 9-65 "色阶"效果

图 9-66 "径向模糊"对话框

图 9-67　"径向模糊"效果

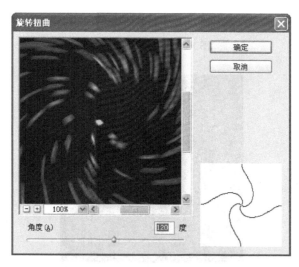

图 9-68　"旋转扭曲"对话框

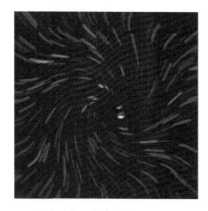

图 9-69　"旋转扭曲"效果

图 9-70 图层

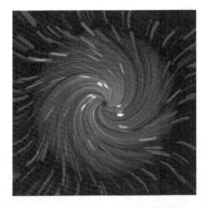

图 9-71 设置图层模式效果

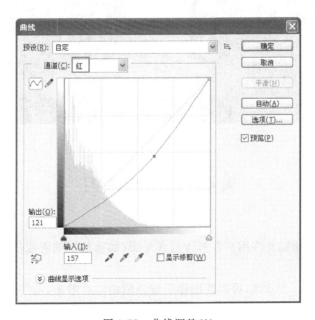

图 9-72 曲线调整(1)

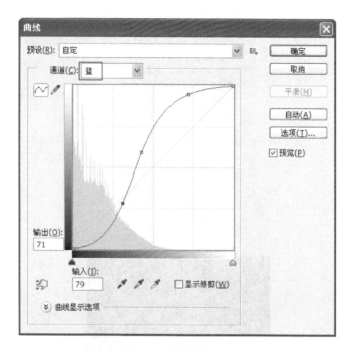

图 9-73　曲线调整(2)

图 9-74　效果图

9.4　思考与练习

1. 填空题

(1)"＿＿＿＿＿＿"滤镜允许用户在包含透视平面(如建筑物侧面或任何矩形对象)的图像中进行透视校正编辑。

(2)使用"＿＿＿＿＿＿"滤镜,可以使图像生成强烈的波纹效果,与"＿＿＿＿＿＿"滤镜不同的是,使用"波浪"滤镜可以对波长及振幅进行控制。

(3)使用"＿＿＿＿＿＿"滤镜,可以减少在弱光或高 ISO 值情况下拍摄的照片中的粒状噪点，以及移除_____格式的图像压缩时产生的噪点。

2. 简答题

（1）滤镜的使用规则有哪些？

（2）滤镜的使用技巧有哪些？

（3）"动感模糊"滤镜的特点是什么？

3. 上机题

（1）运用滤镜，制作如图9-74所示效果图。

（2）运用滤镜制作如图9-75所示的倒影效果。

(a) 原图　　　　　　　　　　　　　　　(b) 倒影效果

图9-75　倒影效果

第10章　案例讲解

本章导读

Photoshop 提供了非常强大的图像编辑的制作功能,本章讲解的案例融汇了软件的多种方法和技巧。在详细讲解典型案例后配以扩展练习实例进行辅助强化,力求以最简洁有效的方式向读者展现 Photoshop CS6 的强大功能。

学习重点

✓ 酒包装设计制作。

✓ 电视广告设计制作。

✓ 图像处理特效制作。

10.1　包 装 创 意

"人要衣装,佛要金装",商品更要有创意包装。有了好包装,商品才有可能在市场畅销,这是企业运作中的一张必胜"王牌"。面对资讯爆炸的时代,企业唯有重视创意包装,商品才有可能传达出更多的信息,品牌才会在全球市场更具竞争力。

现代的企业已清楚地认识到,仅用货架传播是远远不够的。众多的国际性品牌都从价格战转战到终端投入,上至天花板、下至地板,创意包装无处不在,如图 10-1 所示为一款饮料包装的创意效果图。

图 10-1　创意包装

10.2　包装实例演练

酒包装效果

　　人们一般喜欢选外观大方且喜庆的酒,作为走亲访友的佳品,所以包装应选择暖色为主色调,本实例中选择红、黄相搭配的颜色为包装主色调。酒包装分为正面和侧面,正面要突出酒的品牌名称和企业形象,所以字体要大方得体;侧面是产品的特点和说明等,字体就相应地不做太多变化,效果如图10-2所示。

图10-2　酒包装效果

制作步骤:

　　(1) 新建一个大小为36cm×25.5cm的图像文件。

　　(2) 选择"渐变填充"工具,颜色由黄到深黄色渐变填充背景。单击"视图"→"标尺"命令,显示标尺。选择"移动"工具,拖曳出所需的辅助线,效果如图10-3所示。

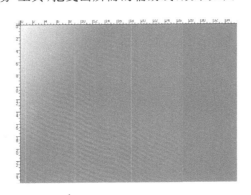

图10-3　"渐变填充"效果

(3) 单击"文件"→"打开"命令,打开一幅山水画素材图片(如图 10-4 所示),并将其调入画面中。

图 10-4　素材图片

(4) 将山水画所在图层的混合模式改为"叠加"模式,并将"不透明度"降为 57%。在山水画图层中添加图层蒙版,将前景色和背景色设计为默认的黑白色,选择"渐变填充"工具,使用径向渐变填充蒙版图层,效果如图 10-5 所示。

图 10-5　蒙版效果

(5) 新建图层,选择"矩形选框"工具,在画面上部绘制矩形并填充深红色,效果如图 10-6 所示。用同样的方法绘制两个小矩形和一个较大的矩形,并分别填充深红色,效果如图 10-7 所示。

图 10-6　绘制矩形

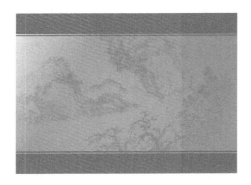

图 10-7　绘制其他矩形

（6）选择"文本"工具，输入"禧"文字，字体为篆体、颜色为红色。栅格化文字图层，选择"矩形选框"工具，框选"禧"字，如图 10-8 所示。

图 10-8　框选文字

（7）单击"编辑"→"定义图案"命令，将"禧"字定义为图案。然后单击"编辑"→"填充"命令，填充上面定义的图案，并将填充图案混合的图层模式改为"正片叠底"模式，效果如图 10-9 所示。

图 10-9　填充图案

（8）复制填充的图案图层，并向下移动到适当位置，效果如图 10-10 所示。

图 10-10　复制效果

（9）新建图层，选择"矩形选框"工具，绘制矩形并将其填充为深红色，效果如图 10-11 所示。

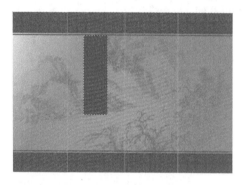

图 10-11　绘制矩形

（10）为深红色矩形所在图层添加图层蒙版，选择"渐变填充"工具，将前景色与背景色恢复为默认的前黑后白，用从前景色到背景色的线性渐变，在蒙版中绘出渐变路径，这样，红色部分被遮挡起来，如图 10-12 所示。

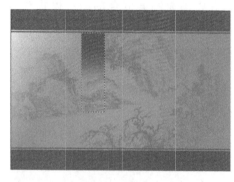

图 10-12　绘制蒙版效果

（11）单击"文件"→"打开"命令，打开"帝、府、家"三个书法字，将其调入画面中并放置在适当位置，将它们填充为红色，同时分别描上白边，效果如图 10-13 所示。

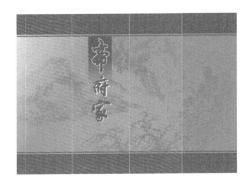

图 10-13　调入书法字

（12）打开一幅红豆素材图片（如图 10-14 所示），将其调入画面中，并添加图层蒙版，用黑色画笔绘制蒙版，制作出印章效果，效果如图 10-15 所示。

图 10-14　素材图片

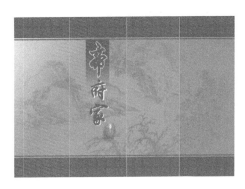

图 10-15　调入"红豆"素材图片

（13）打开"酒"篆书书法字素材图像，调入画面中，并将其填充为白色，效果如图 10-16 所示。

（14）选择"文本"工具，输入文字"浓香型、500ml"、"中国．湖南"和"九疑山帝府家酒厂出品"，调整其大小及位置，效果如图 10-17 所示。

（15）打开一幅帝皇素材图片，将其调入画面中，调整其大小及位置，并将其填充为黄色。选择"文本"工具，输入"帝、府"二字，效果如图 10-18 所示。

（16）选择"文本"工具，输入产品及地址等相关的内容，并用铅笔工具画上红色直线，效

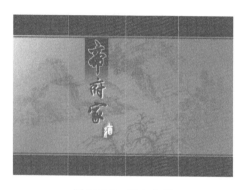

图 10-16 调入文字

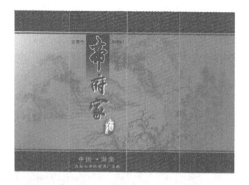

图 10-17 输入文字

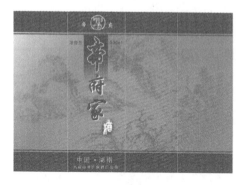

图 10-18 调入标志

果如图 10-19 所示。

（17）打开一幅书法作品素材图片，如图 10-20 所示。

（18）将打开的书法作品素材图片调入正在制作的包装画面中，调整其大小及位置，并将图层混合模式改为"正片叠底"。单击"图层"→"图层样式"→"投影"命令，在打开的对话框中使用默认的参数值（如图 10-21 所示），单击"确定"按钮关闭对话框，效果如图 10-22 所示。

（19）用"文本"工具在侧面的上、下边缘输入相关文字，效果如图 10-23 所示。另一正面制作与正面制作相似，这里不再重复，效果如图 10-24 所示。

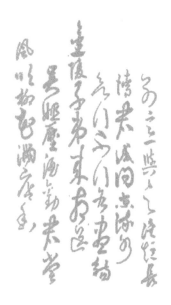

图 10-19　输入文字　　　　　　　图 10-20　书法素材图片

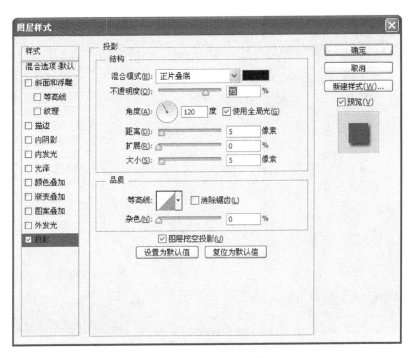

图 10-21　"投影"对话框

图 10-22　投影效果

图 10-23　侧面效果

图 10-24　正面效果

　　（20）新建 200 像素×200 像素大小的图像文件，将背景填充为深红色，效果如图 10-25 所示。

　　（21）选择"文本"工具，输入"禧"文字，字体为篆体，颜色为红色。栅格化文字图层，选择"矩形选框"工具，框选"禧"字，如图 10-26 所示。

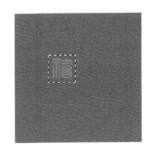

图 10-25　填充深红色　　　　　　图 10-26　框选文字

（22）单击"编辑"→"定义图案"命令，将"禧"字定义为图案。然后单击"编辑"→"填充"命令，填充上面定义的图案，并将填充图案混合的图层模式改为"正片叠底"模式，效果如图 10-27 所示。

（23）打开一幅帝皇素材图像，将其调入画面中，调整其大小及位置，并将其填充为黄色。用"文本"工具输入"帝、府"二字，字体为"华文行楷"、颜色为黄色，效果如图 10-28 所示。

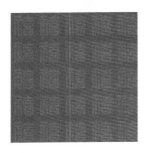

图 10-27　填充图案　　　　　　图 10-28　输入文字

（24）将制作好的包装平面图合并为一层，然后将它剪切、粘贴分为四部分，分别为四个图层，运用自由变换命令，按住 Ctrl 键对顶部进行"拉伸透视"效果，如图 10-29 所示。

（25）用相同的方法，运用自由变换命令对侧面做拉伸效果，将几个面组合到一起，形成包装效果的正面的立体效果图，如图 10-30 所示。

图 10-29　"拉伸透视"效果　　　图 10-30　立体效果图

(26) 制作完立体效果后,需调整包装效果图中右侧面的亮度,单击"图像"→"调整"→"亮度/对比度"命令,在打开的对话框中设置"亮度"为-40(如图 10-31 所示),降低其亮度,单击"确定"按钮,效果如图 10-32 所示。

(27) 用同样的方法,通过自由变换命令完成包装图背面立体效果的制作,效果如图 10-33 所示。

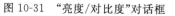

图 10-31　"亮度/对比度"对话框　　　　图 10-32　调整效果图　　　图 10-33　立体效果图

(28) 新建大小为 18cm×24cm、分辨率为 200 像素/英寸,名为"帝府家酒包装广告"的图像文件,其参数设置如图 10-34 所示。

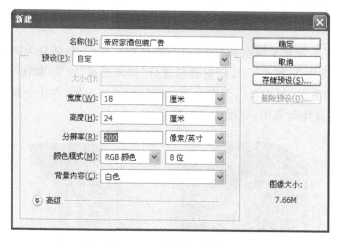

图 10-34　"新建"对话框

(29) 打开一幅"门"素材图片,选择"矩形选框"工具,选取"门"的部分,如图 10-35 所示。

(30) 按 Ctrl+C 组合键复制选区,将"门"粘贴到新建文件中。按 Ctrl+T 组合键进行自由变换,效果如图 10-36 所示。

(31) 单击"滤镜"→"模糊"→"径向模糊"命令,在弹出的"径向模糊"对话框中设置参数

图 10-35　框选素材

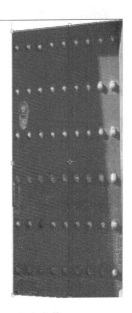

图 10-36　自由变换

如图 10-37 所示。单击"确定"按钮,效果如图 10-38 所示。

(32) 复制"门"图层,单击"编辑"→"变换"→"水平翻转"命令,对复制层进行水平翻转,并移动到适当位置,效果如图 10-39 所示。

(33) 打开一幅"紫禁城"素材图像,并将它调入画面中。调整图层,将"紫禁城"图像调整到背景上方、"门"图层下方,效果如图 10-40 所示。

(34) 新建两个图层,分别在图层上填充红色和黄色,并将它们的图层模式改为"柔光"模式,增加门的艳色效果,如图 10-41 所示。

(35) 打开素材中的"背景效果图"文件,如图 10-42 所示。

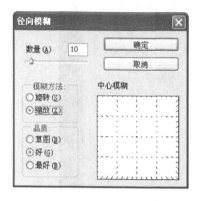

图 10-37　"径向模糊"对话框

图 10-38　"模糊"效果

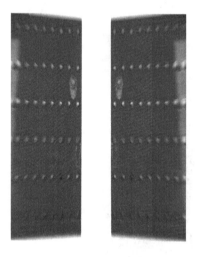

图 10-39　水平翻转效果

图 10-40　调整图层效果

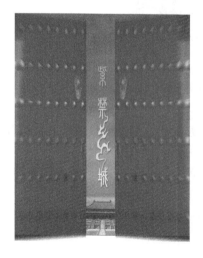

图 10-41　设置图层模式效果

图 10-42　背景效果图素材

（36）单击"滤镜"→"扭曲"→"切变"命令，在弹出的对话框中设置参数，如图 10-43 所示，单击"确定"按钮，切变效果如图 10-44 所示。

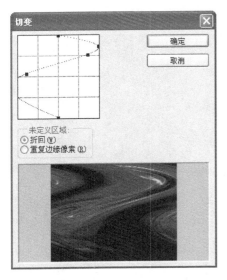

图 10-43　"切变"对话框　　　　　　　　　　图 10-44　"切变"效果

（37）将制作好的背景素材图像调入画面中，为其添加图层蒙版，然后选择"渐变填充"工具，将前景色与背景色恢复为默认的前黑后白，用从前景色到背景色的线性渐变，在蒙版中绘出渐变路径，这样，素材被部分遮挡起来，如图 10-45 所示。

（38）参照上面的制作方法，打开一幅素材图片，调入画面中，进行黑白线性渐变填充，效果如图 10-46 所示。

图 10-45　蒙版效果　　　　　　　　　　图 10-46　调入素材

（39）调入酒正面包装，调整适当位置。选取正面图像包装，单击"选择"→"修改"→"羽化"命令,设置羽化半径为30。单击"编辑"→"描边"命令,给选区描上9像素的黄色边,效果如图10-47所示。

(40)将包装侧面图像调入画面,按步骤(39)的方法处理,效果如图10-48所示。

图10-47　描边效果

图10-48　调入包装效果

(41)在画像下方用"矩形选框"工具绘制矩形并填充黄色,然后用"文本"工具输入相关的文字,同时调入"帝府家酒"标志图像,进行适当的排版,最终效果如图10-2所示。

10.3　广 告 创 意

随着我国经济持续高速增长、市场竞争日益扩张、竞争不断升级、商战已开始进入"智"战时期,广告也从以前的所谓"媒体大战"、"投入大战"上升到广告创意的竞争,"创意"一词成为我国广告界最流行的常用词。Creative 在英语中表示"创意",其意思是创造、创建、造成。"创意"从字面上理解是"创造意象"之意,从这一层面进行挖掘,则广告创意是介于广告策划与广告表现制作之间的艺术构思活动。即根据广告主题,经过精心思考和策划,运用艺术手段,把所掌握的材料进行创造性的组合,以塑造一个意象的过程。简而言之,即广告主题意念的意象化。

为了更好地理解"广告创意",有必要对意念、意象、表象、意境做一下解释。

"意念"指念头和想法,在艺术创作中,意念是作品所要表达的思想和观点,是作品内容的核心。在广告创意和设计中,意念即广告主题,它是指广告是为了达到某种特定目的而要说明的观念。它是无形的、观念性的东西,必须借助某些有形的东西才能表达出来。任何艺术活动必须具备两个方面的要素:一是客观事物本身,是艺术表现的对象;二是以何种方式表现客观事物的形象,它是艺术表现的手段。而将这两者有机地联系在一起的构思活动,就是创意。在艺术表现过程中,形象的选择是很重要的,因为它是传递客观事物信息的符号。一方面必须要比较确切地反映被表现事物的本质特征,另一方面又必须能为公众理解和接受。同时形象的新颖性也得重要。广告创意活动中,创作者也要力图寻找适当的艺术形象来表达广告主题意念。如果艺术形象选择不成功,就无法通过意念的传达去说服消费者。

符合广告创作者思想的可用于表现商品和劳务特征的客观形象,在其未用作特定表现形式时称其为表象。表象一般应当是广告受众比较熟悉的,而且最好是已在现实生活中被普遍定义的,能激起某种共同联想的客观形象。

在人们头脑中形成的表象经过创作者的感受、情感体验和理解作用,渗透进主观情感、情绪的一定的意味,经过一定的联想、夸大、浓缩、扭曲和变形,便转化为意象。

表象一旦转化为意象便具有特定的含义和主观色彩,意象对客观事物及创作者意念的反映程度是不同的,其所能引发的受众的感觉也会有差别。用意象反映客观事物的格调和程度即为意境,也就是意象所能达到的境界。意境是衡量艺术作品质量的重要指标,如图 10-49 所示。

图 10-49　夸张广告

10.4　广告实例演练

平板电视机广告效果

广告以橙黄色为背景,加入橙子图像,点明好礼"橙"甸甸,效果如图 10-50 所示。

(1) 新建大小为 978 像素×1100 像素、名为"平板电视机广告"的图像文件,"分辨率"为100 像素/英寸、背景白色,设置如图 10-51 所示。

(2) 选择"矩形选框"工具,在新建文件中绘制矩形选框。然后选择"渐变填充"工具,在弹出的"渐变编辑器"中,设置第 1 色标点颜色为(R:253、G:181、B:21)、第 2 色标点颜色为

图 10-50 广告效果

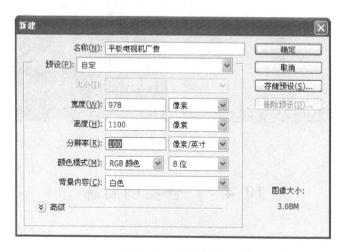

图 10-51 新建文件

(R:246、G:129、B:33)、第 3 色标点颜色为(R:243、G:112、B:32)(如图 10-52 所示),线性渐变填充背景,效果如图 10-53 所示。

(3) 选择"矩形"工具,绘制如图 10-54 所示的矩形框。

(4) 打开电视机素材图片(如图 10-55 所示),将其调入新建文件中(如图 10-56 所示),自由变换调整其大小及位置,效果如图 10-57 所示。

图 10-52 "渐变编辑器"对话框

图 10-53 "渐变"效果

图 10-54 矩形框效果

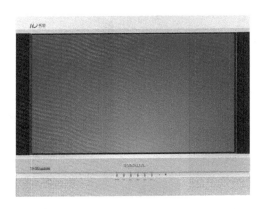

图 10-55 素材图片

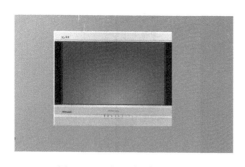

图 10-56　调入新建文件中

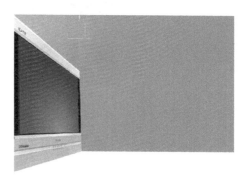

图 10-57　"自由变换"效果

（5）打开橙子素材图片（如图 10-58 所示），将其调入新建文件中，调整其大小及位置，效果如图 10-59 所示。

图 10-58　素材图片

图 10-59　调入素材图片

（6）单击图层面板中的"指示图层可视性"  按钮，将橙子图层隐藏。再单击电视机图层，使之成为当前工作图层，选择"魔棒"工具，单击电视机的显示器，同时配合 Shift 键选取显示器，然后反选选区（如图 10-60 所示），回到橙子图层，并单击其"指示图层可视性" 按钮，将橙子图层显示，按 Del 键删除，效果如图 10-61 所示。

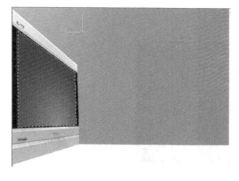

图 10-60　反选选区

图 10-61　删除效果

（7）打开另一个橙子素材，调入电视机画面中，复制该图层，移动到合适位置，并删除显示器外的部分，删除方法同步骤（6）操作，效果如图 10-62 所示。

(a)　　　　　　　　　　　(b)

图 10-62　复制素材

（8）同样调入橙子素材，调整其位置，选择"矩形选框"工具，绘制如图 10-63 所示的矩形，按 Del 键删除框选的橙子素材，效果如图 10-64 所示。

图 10-63　框选选区　　　　　　　　　　　图 10-64　删除效果

（9）将橙子素材调入新建文件中，调整其大小及位置（如图 10-65 所示）。然后按住 Ctrl键单击橙子图层，选取导入的橙子，新建图层并调整该图层位置到橙子图层下面，填充颜色为（R:148、G:60、B:5），用移动工具移动填充图层，效果如图 10-66 所示。

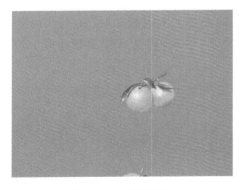

图 10-65　调整素材　　　　　　　　　　图 10-66　"阴影"效果

（10）将前景色设置为白色，选择"文本"工具，输入文字"平板看数源"，在输入的文字图层上右击鼠标，在弹出的选项中选取"栅格化文字"选项（如图 10-67 所示），将文字图层栅格化。然后按 Ctrl＋T 组合键自由变换成如图 10-68 所示的效果。

图 10-67　栅格化文字　　　　　　　　　图 10-68　"自由变换"文字效果

（11）选择"钢笔"工具，绘制如图 10-69 所示的形状，然后单击"路径"面板中的"将路径作为选区载入"按钮，将路径变换成选区，填充白色，效果如图 10-70 所示。

图 10-69　绘制路径　　　　　　　　　　图 10-70　"填充"效果

（12）按住 Ctrl 键单击变形文字图层，调入其选区，新建图层并调整该图层位置到变形文字图层下面，填充颜色（R：148、G：60、B：5），用移动工具移动填充图层，效果如图 10-71 所示。

（13）将前景色设置为白色，选择"文本"工具，输入文字"好礼橙甸甸"，在输入的文字图层上右击鼠标，在弹出的选项中选取"栅格化文字"选项，将文字图层栅格化，效果如图 10-72 所示。

图 10-71　"阴影"效果　　　　　　　　　图 10-72　文字效果

提示:输入文字时最好是一个文字一个图层,文字不在一个图层,调整时比较方便,调整好后再合并。

(14) 按住 Ctrl 键单击"橙"字,选取"橙"字。选择"渐变填充"工具,在弹出的"渐变编辑器"中,设置颜色由黄到深黄色渐变(如图 10-73 所示),单击"确定"按钮,效果如图 10-74 所示。

图 10-73 "渐变编辑器"对话框

图 10-74 "渐变"填充效果

(15) 单击"图层"→"图层样式"→"描边"命令,在弹出的"描边"对话框中设置描边颜色为白色,其他参数如图 10-75 所示,单击"确定"按钮,效果如图 10-76 所示。

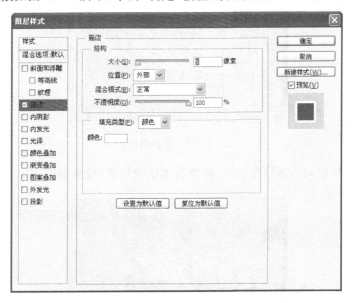

图 10-75 "描边"对话框

287

图 10-76 "描边"效果

（16）按前面的方法将"礼"字进行相同的变化，效果如图 10-77 所示。

图 10-77 文字效果

（17）将"好礼橙甸甸"合并为一个图层，按住 Ctrl 键点击该图层，调取其选区，新建图层并调整该图层位置到变形文字图层下面，填充颜色为（R:148、G:60、B:5），用移动工具移动填充图层，效果如图 10-78 所示。

图 10-78 合并图层

（18）将文字标志调入新建文件中，调整其大小及位置，效果如图 10-79 所示。

图 10-79 文字效果

（19）将橙子素材调入新建文件中，调整其大小及位置，并按前面的方法制作阴影，效果如图 10-80 所示。

(a)   (b)

图 10-80　橙子阴影效果

（20）将标志（如图 10-81 所示）调入新建文件中，调整其大小及位置，效果如图 10-82 所示。

图 10-81　标志

图 10-82　调入素材图像

（21）选择"文本"工具，输入相关的文字，设置"平板看数源、3000"文字颜色为橙黄色，其他文字为黑色，效果如图 10-83 所示。

(a)

(b)

图 10-83　文字效果

（22）同样调入橙子素材，并用"文本"工具输入相关的文字，按前面的方法进行相同处理，效果如图 10-84 所示。

(a)

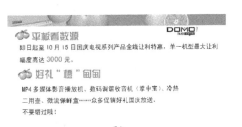

(b)

图 10-84　文字效果

289

（23）将礼品调入新建文件中，调整其大小及位置，效果如图 10-85 所示。

　　　　　　(a)　　　　　　　　　　　　　　　　(b)

图 10-85　调入素材图片

（24）将厂名文字素材调入图像中，调整其大小及位置，效果如图 10-50 所示。

10.5　图像合成特效创意

　　对于图像合成特效创意设计而言，就是围绕主题所展开的一种开放式的思维创意，它绝不是一种现实的简单再现，如鲁道夫·阿恩海姆所说"视觉形象永远不是对于感性材料的机械复制，而是对现实的一种创造性的把握。它把握的形是含有丰富的想象性、创造性、敏锐性的美的形象。观看世界的活动被证明是外部客观事物本身的性质与观看的本性之间的相互作用。"所以无论是运用头脑风暴，还是由感知形象及各部分感官对世界的认知而引发的形象联想；由经验的积累、沉淀所迸发出来的具有潜意识的、非逻辑的、快速的直觉思维，还是由理性推理而衍生的逻辑思维，它无疑是拓展了主题的表现和表达的广度和深度，再经过头脑的综合分析、提取、分解和整合，创造出又"新"又"奇"，并且富有个性，又与众不同的视觉形象，再加之独特的表现手法、别出心裁的视觉感受，这样的图形才更有吸引力，更可以达成深度传播的目的。

　　创意的灵感和风格并非灵感乍现、难以捉摸，它是可以捕捉的，有很多的方法可以遵循，例如形象联想、意向联想等，都可以成为不朽创意的方法来源。无论运用怎样的方法去创作，它的差异都来于设计师的自身的差异，是设计师综合素质的体现，如图 10-86 所示的图像合成特效。

图 10-86　图像合成特效

10.6　图像合成特效实例演练

CG 插图效果

运用 Photoshop 合成技术把虚拟与现实结合,制作具有视觉震撼力的作品,效果如图 10-87 所示。

(1) 单击"文件"→"打开"命令,打开人物素材文件,将背景隐藏,如图 10-88 所示。

图 10-87　CG 插图效果

图 10-88　素材图片

(2) 单击"图像"→"调整"→"色阶"命令,在弹出的对话框中,向左拖动高光滑块,增加图像的亮度(如图 10-89 所示),单击"确定"按钮,效果如图 10-90 所示。

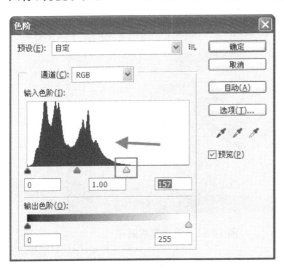

图 10-89　"色阶"对话框

图 10-90　调整效果

(3) 单击"文件"→"打开"命令,打开树皮、山峦两个素材文件,如图 10-91 所示。

(a)　　　　　　　　　　　(b)

图 10-91　素材图像

（4）用移动工具将树皮素材拖动至人物文档中，放在手臂以下的位置，如图 10-92 所示。

图 10-92　调入素材

（5）设置该图层的"混合模式"为"浅色"，"不透明度"为 60%，按 Alt＋Ctrl＋G 组合键创建剪贴蒙版（如图 10-93 所示）。然后单击"图层"调板中的"添加蒙版"按钮 ，创建图层蒙版，选取工具箱中的画笔工具 ，在工具属性栏中设置画笔的"大小"为 30 像素、"硬度"为 0%，在树皮周围涂抹黑色，将边缘隐藏，使纹理融入皮肤中，效果如图 10-94 所示。

图 10-93　图层　　　　　　　　　　　图 10-94　添加蒙版效果

（6）将山峦图像拖至人物文档中，单击"编辑"→"变换"→"旋转 90 度（顺时针）"命令，将图像旋转，设置混合模式为"强光"，使山峦融合到人物皮肤中，如图 10-95 所示。

（7）按 Alt＋Ctrl＋G 组合键创建剪贴蒙版（如图 10-96 所示）。然后单击"图层"调板中

图 10-95　设置图层模式效果

的"添加蒙版"按钮 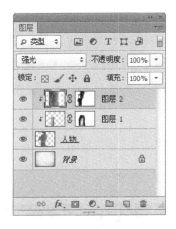，创建图层蒙版，选取工具箱中的画笔工具 ，在工具属性栏中设置画笔的"大小"为 30 像素、"硬度"为 0%，在手臂、面部周围涂抹黑色，将这部分区域的山峦图像隐藏，效果如图 10-97 所示。

图 10-96　图层蒙版

图 10-97　蒙版效果

> 提示：在表现山峦与人物皮肤衔接的位置时，可将画笔工具的不透明度设置为 20% 进行仔细刻画。需要显示山峦时可用白色进行描绘，要更多地显示皮肤时，则用黑色描绘，尽量使山峦图像有融入皮肤的感觉。

（8）下面为图像添加云彩、飞鸟和各种花朵元素，使画面丰富、意境唯美。打开云彩素材，单击"图像"→"调整"→"去色"命令，将图像转换为黑白色，如图 10-98 所示。

图 10-98　去色

（9）单击"图像"→"调整"→"色阶"命令，在弹出的"色阶"对话框中设置黑场工具，如图 10-99 所示，在如图 10-100 所示的位置单击，将灰色域转换为黑色，如图 10-101 所示为"色阶"对话框效果，单击"确定"按钮，效果如图 10-102 所示。

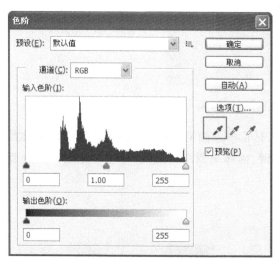

图 10-99　"色阶"对话框(1)

图 10-100　吸管位置

图 10-101　"色阶"对话框(2)

图 10-102　效果图

（10）用移动工具将云彩图像拖到人物文档中，调整图像大小及位置（如图 10-103 所示），然后设置该图层的混合模式为"滤色"，隐藏黑色像素，在画面中只显示白色的云彩并将云彩边缘擦除，效果如图 10-104 所示。

（11）打开枝叶素材，将其调入人物文档中，放置在手臂上面，如图 10-105 所示。

（12）制作枝叶的投影，在枝叶层下方新建一个图层，如图 10-106 所示，按住 Ctrl 键单击"枝叶"图层缩览图，载入选区，将选区填充黑色，然后将投影向下移动一定距离，如图 10-107 所示。

图 10-103　调入素材

图 10-104　设置图层模式效果

图 10-105　设置素材图像

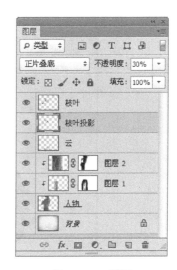

图 10-106　图层

（13）单击"滤镜"→"模糊"→"高斯模糊"命令，在弹出的"高斯模糊"对话框中设置"半径"为 10，单击"确定"按钮，并设置该图层混合模式为"正片叠底"、"不透明度"为 30％，效果如图 10-108 所示。

图 10-107　"阴影"效果

图 10-108　设置图层模式效果

（14）打开花环素材图片，单击"选择"→"色彩范围"命令，打开"色彩范围"对话框，将光标放在画面的背景区域单击取样（如图 10-109 所示），设置"颜色容差"为 75，如图 10-110 所

图 10-109　取样位置

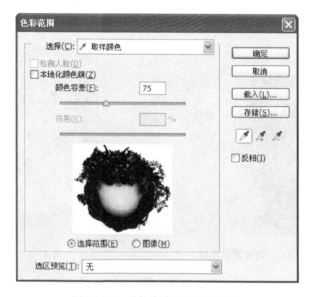

图 10-110　"色彩范围"对话框(1)

示,在预览框内看到花环外面的背景已被选取,花环里的背景呈现灰色,说明未被全部选取,
单击"添加到取样"工具 ,在花环里面的背景上单击,如图 10-111 所示,将这部分图像添
加到选区内,在预览框内可以看到,原来的灰色区域已变为白色,如图 10-112 所示。

图 10-111　取样位置

图 10-112　"色彩范围"对话框(2)

(15) 单击"确定"按钮,然后反向选区,将选取的花环复制到人物文档中,然后自由变换调整其大小及位置,并用橡皮擦工具将花环上的花朵擦除,组成如图 10-113 所示的形状。

图 10-113　调入图像

(16) 打开花草素材图片(如图 10-114 所示),将素材拖至人物文档中,调整其大小及位置,效果如图 10-115 所示。

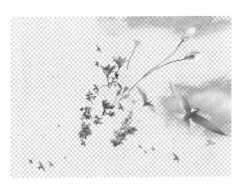

图 10-114　素材图片

图 10-115　调入素材图像

(17) 将背景图层隐藏,然后单击图层面板上的按钮,在下拉列表中选择“合并可见图层”选项,合并除背景层以外的其他图层。打开背景素材图片,将制作的人物图像调入背景文档中,调整其大小及位置,如图 10-116 所示。

图 10-116　调入背景

(18) 单击背景图层,使之成为当前工作层,用“快速选择”工具选择背景中的云彩,然后复制、粘贴,如图 10-117 所示。

图 10-117　复制

（19）选择"图像"→"调整"→"曲线"命令，打开"曲线"对话框，设置"通道"为"红"，在对话框中调整曲线如图 10-118 所示。

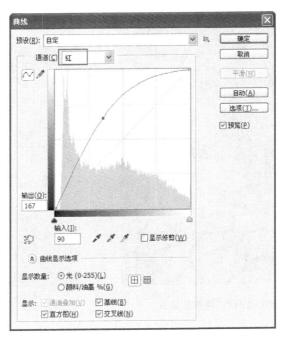

图 10-118 "曲线"对话框（1）

（20）然后在打开的"曲线"对话框，设置"通道"为"蓝"，在对话框中调整曲线，如图 10-119 所示。单击"确定"按钮，效果如图 10-120 所示。

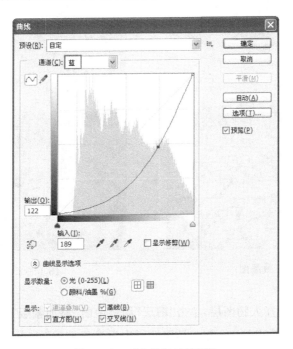

图 10-119 "曲线"对话框（2）

（21）将复制的云彩层调整到人物图层上方，然后将其混合模式设置为"滤色"（如图 10-121 所示），效果如图 10-122 所示。

图 10-120　"曲线"调整效果

图 10-121　设置图层模式

（22）选择背景图层，用"多边形套索"工具，绘制如图 10-123 所示的选区，然后填充黑色。

图 10-122　效果图

图 10-123　填充效果

（23）取消选区，选择人物图层，单击"图层"调板中的"添加蒙版"按钮 ，创建图层蒙版，选取工具箱中的画笔工具 ，在工具属性栏中设置画笔的"大小"为 30 像素、"硬度"为 0%，在人物下方涂抹黑色，将边缘隐藏，效果如图 10-87 所示。

10.7　思考与练习

1. 简答题

（1）包装创意的重要性包括什么？

（2）创意包装的优势包括什么？

（3）平面广告的要素包括什么？

（4）平面广告创意的重要性包括什么？

2. 上机练习

（1）制作如图 10-124 所示的包装效果。

图 10-124　包装效果

（2）制作如图 10-125 所示的广告效果。

图 10-125　广告效果

参 考 文 献

[1] 谢正强.全国计算机等级考试一级教程——计算机基础及 Photoshop 应用(2013 年版)[M].北京:高等教育出版社,2013.

[2] 黄活瑜,吴颂志.Photoshop CS3 图像设计教程与上机指导[M].北京:清华大学出版社,2008.

[3] 李金明,李金荣.Photoshop CS6 完全自学教程[M].北京:人民邮电出版社,2012.